江静流 / 著

所有败，因为舍不得

Greed Leads to Failure

中国华侨出版社

图书在版编目(CIP)数据

所有败,因为舍不得 / 江静流著.—北京:
中国华侨出版社,2013.8

ISBN 978-7-5113-4002-3

Ⅰ.①所…　Ⅱ.①江…　Ⅲ.①人生哲学–通俗读物
Ⅳ.①B821–49

中国版本图书馆 CIP 数据核字(2013)第208418 号

所有败,因为舍不得

| 著　　者 / 江静流 |
| 责任编辑 / 文　筝 |
| 责任校对 / 孙　丽 |
| 经　　销 / 新华书店 |
| 开　　本 / 870 毫米×1280 毫米　1/32　印张/8　字数/161 千字 |
| 印　　刷 / 北京建泰印刷有限公司 |
| 版　　次 / 2013 年 10 月第 1 版　2013 年 10 月第 1 次印刷 |
| 书　　号 / ISBN 978-7-5113-4002-3 |
| 定　　价 / 28.00 元 |

中国华侨出版社　北京市朝阳区静安里 26 号通成达大厦 3 层　邮编:100028
法律顾问:陈鹰律师事务所

编辑部:(010)64443056　　64443979
发行部:(010)64443051　　传真:(010)64439708
网址:www.oveaschin.com
E-mail:oveaschin@sina.com

前言

　　人生之路，总要面对各种各样的抉择，经历过各种各样的失败。那么，所有这些促使我们失败的原因究竟是什么？为什么有的人就能够非常的成功，走到哪里都受人欢迎，和很多人都能结下深厚的友谊？

　　显然，这其中必然存在着不为人知的原因，那么问题究竟出在哪里呢？告诉你，这里的关键在于会舍、会得！我们如果想要把周围的人都留在自己身边，要想拥有一个宽广的人际圈，要想让我们的人生更加辉煌，就必须好好来学习一下舍与得的人际关系课。

　　舍得，这两个字看上去很简单，但做起来却十分不容易。舍得是选择，舍得是承担，舍得是忍耐，舍得是智慧，舍得是痛苦，舍得是喜悦，舍得更是一门艺术。你若真正把握了舍与得的机理和尺度，便等于把握了人生的钥匙和成功的机遇。

　　生活中的许多事情是强求不来的。能把世事看透，学会真正的舍与得，放下舍不得，绝对需要勇气和智慧。

舍得舍得，有舍才能有得。舍得微笑，得到的是友谊；舍得诚实，得到的是朋友；舍得面子，得到的是实在；舍得酒，得到的是健康；舍得虚名，得到的是逍遥；舍得施舍，得到的是美名；舍得红尘，得到的是天尊；舍得小，就有可能得大；舍得近，就有可能得到远。舍得，是一种理智；舍得，是一种豁达；舍得，是一种成熟；舍得，是一种境界；舍得，更是为人处世的至高境界，是我们必须要学会的一种生存艺术。宽心做人，适时舍弃，你就能在社交生活中进退自如、游刃有余。

本书以独特的视角阐明"舍得"是一堂人际关系的必修课，从古今中外的一些故事娓娓道来，其中有聪明人的生活经验，也有愚蠢之徒的失败教训，更有智者的人生感悟，深刻阐释了为人处世的内涵和艺术，具有现实的指导意义，希望能够给正在为如何处理好人际关系而苦恼的人们打破陈旧观念，提供新的思维方式。

当你翻开这本书时，看到的就是舍与得的精华。相信你定能在舍与得的辩证关系中品味人生，领悟并学习到处理人际关系的最佳方法。祝你拥有一个和谐宽广的人际关系，进而把握精彩的人生！

人生之路，充满抉择；有舍有得，花开花落！

目录

第一章

名声之累

舍不得虚名就得不到逍遥

人生在世，一切的虚名都像浮云，很快就会烟消云散，我们不应该看得太重。要是我们能够让一切的虚名随风而逝，我们将在人际关系中自由驰骋，成为人间最自在的人。

1. 舍弃面子，不务虚名

民间有句俗语说得好："花要半开，酒要半醉。"

老子曾说："良贾深藏若虚，君子盛德容貌若愚。"这句话的意思是，人的天性通常会将能力表露在外，看上去比较强悍、威风凛凛的人不一定最有实力，那些真正有本领的人都懂得将自己的实力隐藏起来，不轻易外露。那些肤浅的人才喜欢去显摆，同时还容易遭人妒忌，聪明的人都会韬光养晦。从某种意义上来说，"大智若愚"是有智谋的人保护自己的一种处世手段。

不论我们是不是满腹经纶、才华横溢，都要做到不露锋芒，这才是聪明之举。"装糊涂"可以很好地保护自己，万事都不要太咄咄逼人，对人不要太张狂，学着拥有谦虚做人的美德。

当你意气风发时，一定不能不可一世、目空一切，这样做只会更容易让人忌妒。不论你才智如何出众，待人处世时一定要谨慎，别将自己看得过重，地球离了任何人都能正常运转，所以要适当收起自己的锋芒，脚踏实地做人，将自己的才华波澜不惊地展露出来，才是明智之举，才更容易得到别人的认可。

　　春秋时期，郑庄公准备讨伐许国。在出征之前，郑庄公先在国都组织了一场比赛，意在挑选先锋官。知道这个消息的众将士都明白自己立功的机会到了，个个摩拳擦掌、跃跃欲试。

　　比赛第一项是击剑格斗。只见赛场上众将斗来斗去，全都使出浑身解数。几番比试后，选出六个人进入下一轮比赛。

　　接下来比的是箭，六名将领每人射三箭，射中靶心视为胜利。比赛开始后，已经有四位将领先后射箭，都没有三箭全部射中靶心。上场的第五位是共孙子都，他年纪轻轻便武艺高强，自然心高气傲，不把别人放在眼里。果然，公孙子都箭法了得，三箭连中靶心，观看比赛的人都为他欢呼鼓掌。公孙子都高昂着头，看了一眼最后的射手，退了下去。这时的公孙子都心里已然开始想着就任后该如何谢恩了。

　　最后一位射手缓缓上场，这时大家才看见场上站着的是一位胡须微微花白的老先生，他叫颖考叔。这位先生因为曾经劝庄公与母亲和解而一直得到庄公看重。颖考叔不慌不忙地开始了比赛，一箭、两箭、三箭，全都正中红心，和公孙子都打了个平手。

　　这样一来，只剩下公孙子都与颖考叔两人进行比赛。庄公派人拉出一辆战车，对他们说："你们站在百步之外，一起抢这辆战车，先抢到的那个人就是先锋官。"谁承想，跑到一半的公孙子都不小心跌了个跟头，等他重新站起来时，颖考叔已经将车抢到了。公孙子都心里特别不服气，提着长戟就想冲上去抢车。庄公见状急忙叫人阻止，并宣布颖考叔为先锋官。

赢得比赛的颖考叔果然没让庄公失望，大举进攻许国都城，手举大旗登上了许都城头。眼看就要大功告成，妒火中烧的公孙子都竟一箭射向颖考叔后心，颖考叔当场身亡从城头栽了下去。

颖考叔就是因为太过锋芒毕露，遭人忌妒终被暗算。一个人如果风头太劲，并且不会适时收敛，很容易被人忌恨在心，即使取得一时成功，也可能为自己埋下祸根。因此，当一个人太过展现自己时，很可能周围已经危机重重，这时就更需要学会抱愚守拙。

抱愚守拙是一种深藏不露的大智慧。在生活中，大智若愚是不向人夸耀自己、抬高自己，而不是处处显示自己的才能，这是一种旷达的心境，好像厚重的大地，逐渐地积攒着自身能量，等时机一到，必定石破天惊。

2. 放下架子，占住位子

架子就是一种虚荣心，一种自高自大的作风，一种无形的精神枷锁。

在生活中，有些人总是认为自己拥有的财富比别人多，自己的学历比别人高，自己的家世比别人好，所以他们到处炫耀自己，摆出一副高高在上的样子，不把别人放在眼里，甚至认为自己可以凌驾于别人之上。

殊不知，总在别人面前摆架子，反倒让人感到虚伪和浅薄，到最后得到的只会是别人的远离和不屑。俗话说，"红花当有绿叶配"，当你身边没有人的时候，即使你真的很优秀、很能干，也凸显不出来，所谓优越的"位子"也就无从谈起了。

我们每一个人在上帝面前都是平等的，从我们出生的那一刻起，上帝就赐给了我们平等的权利。那么在现实生活中，我们为什么就不能够平等地对待别人呢？更何况，我们只是普通人，并没有比别人多了些什么。

苏格拉底是有名的大哲学家，在别人眼里他是个无所不知、无所不晓的智者，但是他并没有因为成功而摆出一副高高在上的架子，而总是谦虚地说道："社会上的学问博大精深，当我知道得越多的时候，就越发现自己真的什么都不懂，有太多太多的东西需要去向别人学习。"

在中国古代，孔子是大家公认的"圣人"，但是圣人的称号并没有让他端起"圣人"的架子，并没有给人一种不食人间烟火的感觉，而是提出"三人行必有我师"，更加谦虚地向他人学习。

成功的人都没有什么架子，平易近人，他们时时刻刻都在向别人学习，也时时刻刻在学习中交朋友。他们朋友众多，即使他们不争什么，也自然而然会收获很多。

候车室里，有一位满脸疲惫的老人坐在靠门的座位上，可以看得出来，他走了很长的一段路，在他的背上和鞋子上都落满了尘土。

当列车进站的时候，检票员开始检票了。这位老人站了起来，朝检票口走去。这时，他看见后面来了一位很胖的老太太，她提着一只很大的箱子，看她那着急的样子，显然也是要赶这趟火车。但是由于箱子太重，她步履艰难，早已累得气喘吁吁的了。

　　老太太也看到了这位老人，她看他打扮得很朴素，又一身的尘土，觉得他是一个老农民，便大声喊道："前面那个老头，你等一下，过来帮我提一下箱子吧，待会儿我给你小费。"

　　老人愣了一下，后来才知道原来那个胖老太太是在和自己说话，于是他接过箱子，和她一起检票登上了火车。上车之后，那个胖老太太一颗悬着的心终于落了下来，她长出了一口气，说道："这次多亏了您，要不然我就要误了这次的火车了，我付给您小费。"说着就递给他一美元的小费。老人微笑着把钱接了过来，并很客气地说了一句："谢谢。"

　　就在这时，列车长走了过来，他看到那个老人后吃惊地说道："尊敬的洛克菲勒先生，您好，欢迎您乘坐我们的列车，请问我们能为您做点什么呢？"

　　老人非常客气地说："非常感谢您，不过不用了，我只是做了个徒步旅行，现在我要回纽约。"

　　那个胖老太太听到老人和列车长的对话后，非常震惊地问道："我的上帝啊，我没听错吧，您真的就是石油大王洛克菲勒？"她心想："我在做什么，我居然让著名的石油大王给我拎箱子，还给他小费，这不是对他的一种侮辱吗？他那么有钱怎么会看得起我的一美元呢？"于是她赶紧向洛克菲勒说："非常对不起，我不知道您是石油大王，请您把那一美元的小费退给我吧。"

洛克菲勒微笑着说："您没有必要向我道歉，因为您没有错，这一美元是我的劳动报酬，我必须收下。"说着就把钱装进兜里。

这时，老太太才放松了一些，车上的人也为洛克菲勒的行为发出了由衷的赞叹。

在世人的眼里，像洛克菲勒这样的大人物，腰缠万贯，富可敌国，出门肯定会吆五喝六、盛气凌人。但是，恰恰相反，越是成功的人越不会向别人摆高架子，走到哪里都是一副低姿态，所以他们走到哪里都能赢得别人的欢迎，都能交到朋友，让自己变得更加成功。

任何人都不希望别人在自己面前高高在上，都希望彼此能够站在平等的基础上，相互交心，这是人际交往的黄金法则。在朋友面前，我们都是平等的，只有平等，才有心与心的交流。

在与人的交往过程中，我们只有舍得放下自己的架子，让别人不再对你"敬而远之"，你才能走进他们的世界，了解他们，感染对方，影响对方，进而与他们交朋友，从而拉近彼此之间的距离！

因此，如果你想拥有更多的朋友，如果你想获得更高的成就，就先放下你的架子吧！只有这样，你的愿望才有可能实现。

3. 看轻自己，自由飞翔

西方有句谚语：天使之所以能够飞翔，是因为她把自己看得
很轻。

生活中总会有这样的情况，我们想把每一件事情做好，每一个
人都照顾到，其实人生的目的并不是面面俱到，什么都越多越好，
而是能将已掌握的东西完美应用。好比宝剑，剑刃越薄越锋利，重
量越轻越好用。

其实我们不必让生命那么沉重，让自己在"当下"得到解脱，
才能让自己轻松快乐，将身上的负担放下才能找到心灵的家园。

但人们在生活中总是给自己增添许多无形的包袱：昨天的事要
做总结，从中汲取教训；考虑没有到来的明天会发生什么，需要做
什么准备，等等。总是害怕自己做得不够，时时刻刻在准备，我们
就是这般将幸福锁住了，同时也给自己的生命增加了太多的负担。

有个流浪汉在一条望不见的路上长途跋涉，看看他都带着些什

么，身上背着一大袋特别沉的沙子，缠着一根装满水的粗管子，右手托着一块奇奇怪怪的大石头，左手拿着一块岩石，脖子上还吊着一块大磨盘，脚腕上系着一个被铁链拴着的大铁球，这些还不够，头上还顶着一个大南瓜，已经腐烂发臭了。

流浪汉走得很吃力，他边走边抱怨自己的命运这么艰难辛苦，无尽的疲惫不停地折磨着他。

一日，他正在炎炎烈日下举步维艰，迎面有位老人走了过来。老人问流浪汉：“喂，既然你这么疲惫，为何不将手里的石头丢掉？”

“哦！我真笨。”流浪汉说道，“以前我怎么没想到呢？”他把石头扔掉了，觉得轻松了许多。

不一会儿，流浪汉又在路上遇见一位老妇人。老妇人问他：“流浪汉，你这么疲惫，为什么不把头上发臭的南瓜扔掉呢？还有，为什么要拖着那么重的铁链？”

流浪汉回答说：“真高兴你能告诉我，我都没有注意到自己在做傻事。”他把烂南瓜扔到路边，并解开脚上的铁链子，一下子又轻松许多。可是轻松是一时的，随着行走的时间越来越长，他又觉得特别的累。

又走了一段时间，他遇到了一个小伙子。小伙子惊异地对他说：“流浪汉啊，你干吗扛着一大袋沙子，要知道一路上都是沙子啊；还有这一根水管，那么大，像你要去穿越沙漠似的，但是你看，路边上就是一条清亮的小溪，你走了那么久它都在边上陪着。"听了这些，流浪汉又将大水管里已经发臭的水倒掉，同时把沙子也倒了出来。

此时的流浪汉站在路边对着落日陷入沉思。夕阳的余晖照在他身上，突然他发现自己的脖子上还挂着一个磨盘，意识到就是因为有它才使自己直不起腰来。于是他将磨盘放下，扔得远远的。这时的流浪汉卸掉了身上所有的负担，在傍晚微凉的风中行走，突然发现自己已经找到了心灵的归宿。

生命这只小舟，并不能承载太多的虚荣与物欲，要想到达彼岸，就必须轻载，只需带着需要的东西，不必要的"包袱"要果断地放下。人不会拥有全部，所以总有需要放弃的东西。

人生并不能做到面面俱到，只要能将已经掌握的东西运用得得心应手就很好了。好像宝剑一样，剑刃越薄越锋利，重量越轻越好用。路上带着的包袱太多，必然会举步维艰。将身上的包袱放下，才能走得更快。如果我们总让生命承载太多负担，终将压弯自己的腰。将那些虚荣、功利、金钱和种种心理负担放下，为自己减负，懂得简简单单地面对自己的生活。

我们想要在这些负累中得到解脱，就必须学会放下心中所执。那么怎么放下呢？就是学会遗忘。

真正的解脱，就是去遗忘，将所有的一切都忘得干干净净。如果有人问你，你是否还恨你的仇人，你回答说不恨了，别人或许还不太相信，但是如果你说："什么仇人，我都不记得了。"那说明你真的放下了，自然毫无烦恼。

人生中的一切烦恼都是自己强加给自己的，只有放下，我们才能得到解脱，才能获得幸福。人们想在当下解脱的话，就必须将心中的名利放下，将心中的欲望放下，将对生命的牵挂放下，将对未来的执着放下。只有把一切都放下，才能让此后的每分每秒都活得很充实，生命就有了最真实的意义。

4.看淡荣誉，走向舞台

"名为锢身锁，利是焚身火"，一个人如果学会看淡名利，就能变得更加高尚。

人或多或少都有"名利"情结，往往也会为此失去方向。所谓的"名利"，可以使人坐拥一切，也可以让人失去一切。世人都明白，君子雅士多是淡泊名利，但是想要做到，其实很难。

庄子喻世，善假于物，他最擅长的就是用各种比喻或借名人

之口来讲人生道理。庄子有句人生名言，是以孔子的口吻说出
的："德荡乎名，知出乎争。名也者，相轧也；知也者，争之器
也。二者凶器，非所以尽行也。"这句话的意思是，德行在名利前
荡然无存，人类的知识来源于争斗的结果。人为了名留青史，会
用尽各种手段，人所学的知识与技巧也变成了斗争的工具，最终
不过也只是为一个名困住了。真正能够淡泊名利的人，会用自己
脱俗的风骨、淡定的心境与身为学者的良知去感染后人。这些人
的生命是通透的，他们以谦和明澈的方式处世，气质风度也特别
温和自然。

　　将物看得太重，必然会被物所累，超然外物，才能使自己登上
伟大思想与卓越精神的殿堂。

　　季羡林先生一直被尊称为"国学大师""学界泰斗"，他的
一生获得了无数荣誉。虽然季羡林先生名扬四海，但是他本人
并不痴迷于荣誉。他曾这样说："出点小名，小有得意，却诚
惶诚恐。"

　　季老一生中，最超然物外的行为，当属三辞尊名。季老在《病
榻杂记》中，用通达的文字，首次表明了他对外界"加"在自己头
上的"国学大师""学界泰斗""国宝"这三项桂冠的看法，并坚
持将这三项"尊号"辞掉。

　　一辞"国学大师"。季老是这样说的："环顾左右，朋友中国

学基础胜于自己者，大有人在。在这样的情况下，我竟独占'国学大师'的尊号，岂不折杀我！"

二辞"学界泰斗"。季老对大家说："这样的人，滔滔者天下到处都是，但现在却偏偏把我'打'成泰斗。我这个泰斗又从何说起呢？"

三辞"国宝"。季老诚恳地说："是不是因为中国只有一个季羡林，所以他就被大家说成为'宝'。但中国的赵一钱二孙三李四等也都只有一个，难道一个中国里能有十几亿'国宝'吗？"

最后，季老总结道："三顶桂冠摘掉后，还了我一个自由自在身。我将身上的泡沫洗掉后，就会露出真面目，皆大欢喜。"

那些伟大的思想，都是来自自由的心境，将虚名除掉，人生就没有那么多负担，自身原本的形态就能表露出来，思想与精神才能得到自由发展。

民间有俗语云："名为锢身锁，利是焚身火。"一个人假使学会淡泊名利，就会更加高尚。人在世上，不论什么样的境况，都免不了与名利相交。对待名利时，人都有自己的态度，有的人去追求，有的人看得很淡。许许多多的学者都像季羡林先生一样，不将名利放在心上。他们都在实践着"非淡泊无以明志，非宁静无以致远"这一目标，对名利不屑一顾，将自己的主要精力放在对学术与事业的追求上。

一个真正的智者，明白什么是自己需要的，什么是不需要的，不会去为那虚荣的名誉明争暗斗。能将虚名去除，便能除去那些不必要的负担。晚年的季老仍然保有清醒的自我认知，像从前一样执意辞去加诸在自己头上的盛名。虽然他摘除了那些恭维的帽子，却无法辞去世人对他那发自内心的尊敬。

5. 放下身份，机会更多

我们任何人的成长都是从他人那儿学来的，都有向别人学习的地方。

当今社会是信息时代，人因为交流而丰富、提高自己，如果不肯放低自己的身段，虚心地向别人学习，虚心地和别人沟通和交流，那么自己就是一个孤陋寡闻的人。因为，如果别人懂的你不懂，你就像走进了一个死胡同，很快就会无路可走。

美国 18 世纪伟大的科学家富兰克林，被人称为"美国之父"，他在社会的各个领域都有很高的建树，在各个领域都取得了很大的成就。他的成功很大程度上就是因为能够放下身份向别人虚心学习。

在他年轻的时候，富兰克林也曾仗着自己的才华横溢，非常地骄傲轻狂，不懂得谦虚。直到有一天，他去拜访一位前辈，到了那位老前辈的家门口，年轻气盛的他趾高气扬地跨入老前辈家的大门，谁知刚一进门，就听"嘭"的一声，头撞在了门框上，额头上起了好大的一个包。出来迎接他的老前辈看他的样子，就笑着说："这是你今天最大的收获，也是我今天给你上的第一堂课。要想让你今后的路更宽更广，就要放下身份，该低头时就低头，否则在社会上你会撞得满头包。"

老前辈的话牢牢地刻在了富兰克林的心里，从此以后，他为人谦卑，总是虚心向别人请教，自己不但取得了很大的成就，而且还因此结交了很多的朋友，没有因为他的成就而让他有那种高处不胜寒的尴尬。

就像那位老前辈说的一样，做人就应该懂得放下身份，该低头时需低头，这样，自己的人生之路才会更加宽广；否则的话，即使一个人拥有多么横溢的才华，也会因为自己的狂傲而在社会上无立足之地。

三人行则必有我师，无论我们拥有多么丰富的学识，我们所学习的只是社会大百科中的一小部分。只有我们虚心地向别人请教，别人才不会吝啬他们的知识，而倾囊相授。这不仅是学习的过程，更是一种交际的过程。

共和党候选人林肯参加 1860 年美国总统的竞选，当时大富翁道格拉斯是他的竞争对手。在竞选的过程中，道格拉斯租用了一辆非常豪华的竞选列车，车后放了一门礼炮，每到一站就放炮奏乐，声势浩大，气派非凡。他得意地说："我要让那乡巴佬见识见识我的实力，让他体会体会什么是贵族，让他知道和贵族竞争的下场。"

林肯看到这种情况，他不慌不忙，照样买票乘车，每到一站，就坐上耕田用的马拉车，向选民发表演讲说："有很多人问我有多少钱，其实我什么都没有，我只有一个妻子和三个儿子。对于我来说，他们是无价的，是用任何金银珠宝都换不来的，他们就是我的财富。我是一个没有任何背景可依靠的人，但是现在我知道，我唯一可依靠的只有你们，我唯一可信赖的也只有你们。"

林肯就是这样参加竞选的，道格拉斯见此感觉自己胜券在握，但结果出来了，令他意想不到的是，竟是林肯获胜，成为美国总统。

为什么道格拉斯大费周折，选民们却不"领情"呢？这是因为，道格拉斯不懂得放下身份去和选民们交流，他不知道人们真正需要的是一个能够听取他们的意见和建议，能够尊重和带领他们的总统，而不需要一个出身高贵的总统。

也许你觉得自己意气风发，但生活中的许多事并不像我们所想得那么简单。千万不要幼稚地以为自己什么都懂而不肯在别人面前放下身份虚心学习，甚至大肆渲染自己的高明，这恰恰暴露了你的思想的幼稚和单纯，也正好告诉"敌人"你的缺点在什么地方。

事实上，越是有成就的人，就越应该放下身份，低调一点，谦虚一点。只有这样，你才能获得更多的知识，创造更大的财富和成功，拥有更高贵的身份，也才会赢得别人的尊重和爱戴。

要知道，身份并不是与生俱来的，而是别人赋予的。也就是说，当你实力越来越强时，无论你走到哪里，都能赢得别人的尊重，脚下的路也会更长、更宽，你离成功也就越来越近了，加油吧！

身份并不是自己本身就有，而是别人给的。尊重并不是自己尊重自己，就能够赢得别人的尊重。只有放下身份，通过尊重别人，才能赢得别人的尊重。

在现实的交往过程中，只有懂得"舍得"二字才能让我们懂得，要想让自己脚下的路更宽更长，必须舍得放下自己的身份。

6. 壁立千仞，无欲则刚

有时候，我们费尽了心机去争取，结果却往往事与愿违。相反，有时候我们不去争，结果反倒会有意外的收获。

人们有时候为名争，争来争去，结果却落得个无名。为争利，结果却什么利益都没有得到。事实上，只有不争才能无争。与人无争，我们就能和人亲近；与物无争，我们却能抚育万物。正所谓，与名无争，名自来；与利无争，利自聚。争来争去，我们什么也没有得到，争来的全是灾祸，只有无争才能无祸，只有无祸才能无忧。

宋朝时期，有一位名臣名叫向敏中，在真宗时官拜右仆射。他担任右仆射达三十年，居然没有一个人看他眼红，没有一个人不顺从他。他当时具有很高的威望，这一切都源于他不与别人争。

有一天，真宗召翰林学士李宗谔入朝，真宗说："自朕即位以来，还没有任命过仆射，现在朕任命向敏中为右仆射。"在宋朝，右仆射官位非常显赫，于是很多人都向向敏中表示祝贺。有人说："如今您得到晋升，我们都为您感到高兴。"而向敏中没有露出半点喜悦之情，而是唯唯诺诺地应付着。又有人说："当朝皇上，自登基以来，还没有封过如此高的官，大人真是实至名归啊。"向敏中依然还是那样应付着，不说一句话。

第二天，皇上在朝堂上说："向敏中是个很有耐力的官员，你们看向敏中对待朝廷的无论是封赏，还是降级都能做到宠辱不惊，无论怎样，他都虚心接受，就这一点，就堪称文武百官的楷模。"

对于任何进退升降，向敏中都能心平气和地虚心接受，不为了得到高官厚禄而去争宠，也不会因为被降取就懊恼。正是因为他顺从天理、顺从人情、顺从国法，才获得了较高的威望，才没有遭人妒忌，成为了真宗皇帝在位时第一位被任命的大官。更难得的是，大小官员都认为他是实至名归，愿意服从他。

正所谓，唯有虚心可以让人承受各种事实，唯有坦荡才能化解人们之间各种怨恨。人贵在虚心修炼自己，以坦荡的胸怀去为人处世。只有随意自适，不为名利争抢，才能获得幸福，才能赢得别人的尊重。

在名利面前，我们没有必要费劲地去争什么，要懂得适时地退让，这样你就会发现，这种不争的淡然态度，会帮助你赢得好的人际关系，还能获得较高的威望，成功也就会变得容易了，最终你将名利双收。

　　总之，在与人交往的过程中，我们要学会"舍"，舍得那些争强好胜之心，凡事做到不求所得，宠辱不惊。不争，能使我们心境开朗；不争，能够让我们获得更多的快乐；不争，能够让我们得到人们更多的尊敬，拥有更好的人际关系。

7. 鲜花无语，芬芳大地

　　　　内敛是一种智慧，更是一种修养，是一种境界。

　　我们常听别人说："在别人面前千万不要锋芒毕露。"其实，展露锋芒原本是好事，能够让人了解到我们的才干和实力，但是我们在与人交往的过程中，还是有必要学会遮掩住自己的锋芒，学会内敛一点。

　　正所谓："木秀于林，风必摧之。花艳群芳，必遭采之。"如果我们在与人交往的过程中，仗着自己有才干、有才华，而妄自尊大、锋芒毕露、目中无人，只会惹人厌烦和远离，很容易得罪旁人，遭到旁人的妒忌。那么，周围的人将会成为我们的阻力，成为我们的敌人。试想，如果我们的四周都是敌人，那么我们的结果会是怎么样呢？

晓东是非常有才干的人，但是，当他刚进单位的时候，却没有人理他，他在工作中也吃了很多的亏。他不知道自己到底什么地方错了。他想，自己工作努力，连领导都夸他有才华，可是为什么同事们都不喜欢自己呢？

有一次，他请一个非常诚实的同事喝酒，他问那个同事说："我想知道，为什么大家都不喜欢我呢？我也没有得罪过他们啊？"

那个同事说："是的，没错，你没有得罪过任何人，原因在于，你太爱表现自己了。虽然你很有才，可是当你的光芒遮盖住所有人的光芒的时候，那么所有人都不想和你在一起工作，你就变成大家的敌人了。"

当那个同事说完，晓东终于明白了原因所在。从那以后，晓东开始掩饰自己的光芒，这样同事们在他的面前也能抬起头来，逐渐地开始接近他。他的人缘终于好了起来，他在公司做起事情来也更加顺风顺水。

第一章 名声之累
舍不得虚名就得不到逍遥 | 023

在生活中，有些人确实是很有才气，可是却总是想在人前卖弄，总是想证明自己比别人强，但是每个人都有自尊，都不希望别人的光芒掩盖住自己的光芒。

渴望在职场中得到晋升，这本是人之常情，但如果为了晋升，锋芒毕露，总是在关键问题上遮住客户和上司的光芒，那么就算你各方面都很优秀，别人也不会对你有好感，大部分的发展机会也就与你无缘了。

菲尔文笔出众，才思敏捷，是一个才华横溢的人。他凭借着自己的聪明才智，在工作中表现得相当出色。老板见菲尔是棵好苗子，便打算好好培养他，于是将他从行政部调到市场部。

但是，奇怪的是，菲尔的业务总是不尽如人意。老板不明白，为什么这样优秀的人，竟然连一个客户都留不住呢？

有一次，菲尔得意地和别人说道："那些客户实在是太自以为是了，他们什么都不懂，还不懂装懂，结果全部被我扳倒了。"老板听到了这些话，明白菲尔太过锋芒毕露，不懂得什么是大智若愚，所以客户都不喜欢和他打交道。他提醒菲尔说："在生意场上不要太显露自己的锋芒，这样会毁了自己的前途，也会让自己的人脉越来越窄。"

为了让菲尔好好学习一下，老板在参加一次重要的洽谈会议时带上了菲尔。为了表现自己的优越性，菲尔打扮得精神抖擞，与老板接见客户时，他快步走在了老板前面，结果客户误把菲尔当成了老板，老板则很尴尬。

后来，老板对菲尔"另眼相待"了，再也没有心思重点培养他了。

菲尔的故事启迪我们，无论什么时候，我们都要学会内敛，做一朵不太显眼的花。这样，别人在我们面前才会有面子，才会更加愿意和我们交往，我们也就不用担心自己会受到"摧残"。

在人际交往过程中，即使我们是再鲜艳的花朵，也要学会把自己的光芒遮掩住，给别人一个发光的机会。而菲尔正是不懂得这一点，言语露锋芒，行动露锋芒，结果得罪了客户和老板，失去了信任和支持。

"君子有才而不外露"，一个真正聪明的人，无论何时，遇到什么境况都不会将自己的才能全部外露，如果我们时常以低姿态去示人，那么别人就会因为我们的友好而更加愿意和我们交往和合作。

相反，如果我们总是以这种天上地下唯我独尊的高姿态展现在别人面前，过多地展现自己，那么我们不仅会招来别人的妒忌，而且别人也不会和我们成为朋友，有的甚至还会成为我们的"敌人"。

　　总之，在现实生活中要懂得"舍得"二字，即使自己再优秀，也要遮掩自己的锋芒，做一朵不显眼的花，这样别人才不会因为被夺去了光彩而愤恨不已，才会被我们所吸引，我们的人缘也就会越来越好。

第二章

利益之累

舍不得淡泊就得不到淡然

　　每个人都喜欢财富，都有追求财富的渴望，但同时
利益也是阻碍我们和别人交往的一堵墙。

1. 面对利益，大智若愚

清朝的郑板桥曾说过："人生在世，难得糊涂。"在利益面前，如果我们能够退一步，能够让一步，我们就会心安，也会迎来更多的尊重。

在人际交往的过程中，又何必把得与失看得那么清楚呢？为了利益把账算得太清、弄得太明白实在不值得。何必为了分清谁占便宜谁吃亏而伤害友谊呢？在利益面前，还是糊涂一些才好。

据《桐城县志》记载，清代康熙年间文华殿大学士兼礼部尚书张英的老家人与邻居吴家在宅基的问题上发生了争执。两家大院的宅基地都是祖上的产业，时间久远了，本来就是一笔糊涂账。两家的争执顿起，公说公有理，婆说婆有理，谁也不肯相让一丝一毫。

由于牵涉到宰相大人，官府和旁人都不愿沾惹是非。纠纷越闹越大，张家人只好把这件事告诉张英。家人飞书京城，让张英打招呼"摆平"吴家。

　　张英大人阅过来信，只是释然一笑，旁边的人面面相觑，莫名其妙。只见张大人挥起大笔，一首诗一挥而就。诗曰："一纸家书只为墙，让他三尺又何妨。万里长城今犹在，不见当年秦始皇。"交给来人，命快速带回老家。家里人一见书信回来，喜不自禁，但打开后看到信的内容败兴得很。

　　张家人后来一合计，确实也只有"让"这唯一的办法，既然争之不来，不如让三尺看看，于是立即动员将垣墙拆让三尺。大家交口称赞张英和他家人的旷达态度。张英的行为正应了那句古话："宰相肚里能撑船。"宰相一家的忍让行为，感动得邻居一家人热泪盈眶，全家一致同意也把围墙向后退三尺。两家人的争端很快平息了，两家之间，空了一条巷子，有六尺宽，有张家的一半，也有吴家的一半。这条几十丈长的巷子虽短，留给人们的思索却很长。

　　正所谓："远亲不如近邻。"邻里之间相处又何必把利益分得那么清楚呢？

　　我们有时候用不着太精明，该糊涂的时候不妨糊涂一些，只有糊涂才能赢得更多的尊重，只有糊涂才能赢得更多的朋友。

　　在唐朝，有一位大将名叫郭子仪，他用兵如神，立过无数的战功，为保卫大唐的江山立下了汗马功劳，然而他在别人的眼中并不是一个精明的人，而是一个非常糊涂的人，尤其是在涉及自身利益的时候，糊涂得连他的家人都非常生气。

郭子仪以前只不过是一名武官，他与唐朝另一位名将李光弼同时在朔方节度使麾下当差，但二人素来不合，经常为了一些小事争吵，甚至大打出手，到后来两人从见面不说话，到不同席吃饭，再到不一起共事，局面十分尴尬。

安史之乱爆发后，大唐王朝处于风雨飘摇之中，唐肃宗封郭子仪为大将，带兵平叛。奇怪的是，郭子仪向唐肃宗推荐的第一个人就是李光弼，甚至他还把自己的一部分兵力分给李光弼，让李光弼到战场上建功立业。李光弼指挥着郭子仪分给他的兵力在战场上屡立战功，一举成为与郭子仪齐名的功臣。从此二人冰释前嫌，化敌为友。

做人就应该像郭子仪那样，在利益面前糊涂一点，把好处和利益分给别人，虽然从表面上看自己损失了一点利益，但是迎来的却是朋友，获得的却是友谊。他赢得了李光弼的尊重，迎来了好的口碑。

有些事，我们知道了倒不如不知道，认识到了倒不如不认识。其实，人生最好的选择就是在利益面前糊涂一些，不要计较那么多，好事自然会找上门来，因为上天是公平的，当它为你关上了一扇门，必然会为你敞开另一扇窗。

在人际交往过程中，千万不要太精明，难得糊涂是交际过程中的一大基本原则。只有让自己糊涂些，糊涂地看待一切利益和矛盾，才能化解矛盾，才会有更多的人愿意和你交往，才会让自己的友谊之路更加宽广。

2. 以利交友，利穷则散

　　所有的功名、所有的金银都是身外之物，生不带来死不带去。而在日常的生活中，人们最放心不下的就是这些，最忘不了的也是这些身外之物。

　　就像《红楼梦》开篇的道士和和尚所说："世人都晓神仙好，唯有功名忘不了；古今将相在何方，荒冢一堆草没了。世人都晓神仙好，只有金银忘不了；终朝只恨聚无多，及到多时眼闭了。"人们总是羡慕神仙，可是他们忘不了功名利禄，忘不了那些生不带来死不带去的东西，所以他们没有神仙逍遥快乐。

　　在日常的交际过程中，人们总是戴着有色眼镜去看待别人，看别人是不是达官显贵，看别人是不是腰缠万贯，可实际上这样又有什么用呢？别人的身份地位和我们又有什么关系呢？我们要的是朋友，要的是别人真诚的心，而不是要他们的身份地位，不是要他们的财富。有些时候，我们做人不应该太聪明，少些功利心，切勿以貌取人。

　　著名文学家苏轼，出身于书香门第，才高八斗，学富五车，在当时非常有名望。有一次他穿了件很普通的衣服去寺庙里参禅，那个方丈虽然是个方外之人，但却非常势力，他看苏轼的穿着打扮，觉得他是一个穷书生，于是就拉下脸来对苏轼爱答不理地说："坐。"然后又吩咐小沙弥说："茶。"

　　苏轼知道方丈以貌取人，因为他的穿着而看不起他，但他并没有在意，只是笑了笑。

　　方丈和苏轼聊了一会儿之后，惊讶地发现苏轼谈吐不俗，且很有思想，对佛的领悟也很深，于是赶忙把苏轼请到禅房详谈，对苏轼说："请坐。"然后又吩咐小沙弥说："敬茶。"

　　他们又聊了一会儿，方丈发现苏轼不仅学识渊博，而且他对佛学精深的看法以及举手投足之间都蕴含着良好的教养和丰富的内涵。方丈觉得他不像是一般的人，于是说："敢问施主的尊姓大名。"苏轼笑了笑并没有隐瞒自己的姓名，他如实告诉他说："小生名苏轼号东坡。"方丈眼睛一亮，马上转变态度，恭恭敬敬地对苏轼说："您请上座。"然后又赶忙吩咐小沙弥说："敬好茶。"

最后，当苏轼起身告辞的时候，方丈恳请苏轼为他们寺院留下墨宝，想通过苏轼的名望来提升自己寺院的声望，多招揽些香客。苏轼欣然应允，于是取过笔墨纸砚，提笔写了一副对联："坐，请坐，请上坐；茶，敬茶，敬好茶。"

方丈看了那副讽刺他的对联，感到非常地羞愧，痛恨自己有眼不识泰山。

正所谓："人不可貌相，海水不可斗量。"在日常生活中，我们切不可以貌取人，就像那个老方丈一样，本来身为方外之人，就应该跳出三界外，不在五行中，更应该看淡那些功名利禄，那些俗尘琐事更不应该入他的眼睛。可是这个和尚却没有看破，他怀着一颗功利之心看人。当他遇到大文豪苏东坡的时候，仍然以貌取人，有眼不识泰山，结果自取其辱。

在现实生活中也是如此，有的人事业风光，有的人下岗失业；有的人口齿伶俐，有的人木讷愚钝……但这并不应该成为我们选择朋友的参考。

所有人的人格都应该是平等的，世界上谁也不会比谁高贵多少。平等和尊重已经成为人际交往的不二法门，人人都需要得到别人的尊重，我们不必太精明，总怀着一颗功利心去看待周围的人，一心想要去结交达官显贵，这样是结交不到真正的朋友的。

在与人交往的过程中，我们应该带着平和的心态去交往，看淡一切，把那些功利之心全部抛开，用一颗平和真诚的心去对待别人，那么我们换来的也一定是别人的真心。那些暂时不如你的人，也许日后就会成为你的伯乐，或许在你遇到困难，面临危难的时候，他能拯救你于水火，帮你获得良好的人缘。

做人何须太精明，难得糊涂才是诚。交友少些功利心，天涯到处是亲朋。舍得功利心，真心诚意地对待身边的每一个人，你会发现，自己可以轻松地换来别人的真心，即使在天涯海角都有可能有你的朋友。

3. 只顾自己的利益，反而失去利益

> 有得必有失，如果什么都想得到，那么到最后就会因小失大，什么也得不到。

利益与你最珍贵的东西，如人格、口碑、品质等，你会选择哪一样呢？

在人际交往过程中，千万不要因为眼前的一些蝇头小利而失

去了你最珍贵的人格。舍弃一时的利益，也许在世人的眼里，会觉得你失去了很多，但实际上你赢得了比利益更为珍贵的东西，那就是你高尚的人格、良好的口碑，这些远比眼前的利益要珍贵得多。

丘吉尔小的时候，非常地顽皮，总是喜欢四处乱跑。有一次，他失足掉进了粪坑里，他拼命地大声呼喊救命，眼看就要被淹死了。正在这时，一个人跳了下来，把他从粪坑里救了出来，丘吉尔才捡回了一条命。

这个人名叫弗莱明，是个农民。当时他正好在地里干活，忽然听到有人喊救命，他赶忙放下农具，循着声音的方向跑了过去。这时他才发现，原来有个孩子掉进了粪坑里，他奋不顾身地跳进粪坑把那个小孩救了上来。

过了几天，丘吉尔的父亲专门拜访弗莱明，为了感谢弗莱明救了自己的儿子，他拿出一大笔钱送给弗莱明，作为报答。可是弗莱明说什么也不要，他说："我并不是因为钱才救您儿子的，所以我不能因为救您的孩子而接受报酬。"丘吉尔的父亲听完弗莱明的话，更加敬佩弗莱明的为人，但是如果不报答，他的良心会过意不去。

正在这时，弗莱明的儿子跑了进来，丘吉尔的父亲问道："这是您的儿子?"弗莱明点了点头，于是丘吉尔的父亲便有了主意，他说："我非常敬佩您的为人，要不这样吧，我把您的儿子带走，让他接受良好的教育，希望他将来能够成为有用的人，好吗？"

弗莱明虽然舍不得儿子，但是面对丘吉尔父亲的盛情，又考虑到自己儿子的将来，于是便答应了。

丘吉尔的父亲将小弗莱明带走后，对其精心培养，经过多年的刻苦学习，小弗莱明终于不负所望，成为一名细菌学家。发明了青霉素救活了千万条生命，他就是亚历山大·弗莱明，诺贝尔奖的获得者。

在弗莱明看来，利益并不是第一位的，并不是最珍贵的，最珍贵的是自己的人格，他不会为了金钱而去救人，正是由于他这种高尚的品格打动了丘吉尔的父亲，才让丘吉尔的父亲对他的为人更加敬佩。为了报答和结交弗莱明，他才决定培养弗莱明的儿子，让他的儿子接受了良好的教育。

试想，如果弗莱明是一个看重利益的人，面对丘吉尔的父亲给他的酬金便欣然接受，那么他的儿子亚历山大·弗莱明还会有机会接受良好的教育吗？他的儿子还有机会成为一名举世闻名的医生吗？

佛家说："人生历世，多一物多一心，少一物少一念，不为外物所拘束，才会过得心安理得。"人生在世就是这样，一生都在取舍中度过，在舍与得之间徘徊。就像走路一样，我们的人生总是有很多的十字路口，总是需要我们选择，需要我们取舍。我们选择了不同的路，看到的就会是不同的风景。只有留住我们最珍贵的东西，放弃那些虚无缥缈的身外之物，我们的人生才会是精彩的。

在实际交际中也是如此，一个人要想得到更多的朋友，要想让自己的友谊之路更为长远，就应该权衡利弊，舍小取大，不要为了眼前的利益，而舍弃我们高贵的品质，保留住自己最珍贵的品质，才能赢得别人的信任和支持。

人生最珍贵的东西并不是眼前的利益，还有比利益更为珍贵的东西。千万不要为了利益而失去我们生命中最珍贵的东西，要记得保留我们自身高贵的品质，你会发现自己收获得更多。

4. 友情像清水一样，才会天长地久

> 朋友之交，就是君子之交，它不在于语言有多么华丽，不在于物质有多么丰富。君子之交淡如水，一个淡字，概括了友谊的精髓。

在社会上，每个人都有很多的朋友，但是并不一定每一个朋友都是我们的知己，并不是所有的朋友都是我们真正的朋友。真正的

朋友在于为彼此之间付出了多少心。长久的友谊并不像花一样芳香，因为花儿再香也会有凋零的时刻。长久的友谊像水，任时光飞逝也不会有变质的一天。

有人说："朋友，不一定合情合理，但一定知心知意；朋友，不一定形影不离，但一定惺惺相惜；朋友，不一定锦上添花，但一定雪中送炭；朋友之间，不一定常联系，但在心里一定总会有一个位置为朋友留着。"

真正的朋友是值得我们珍惜和信赖的知己，是我们最信任的人，是那些懂得付出，不强调索取，能够与你同甘共苦共患难的人，是那些在你最困难的时候，在你最需要帮助的时候，能够主动站出来为你说话的人，是那些给你安慰、为你做事，给你帮忙、为你解除烦恼的人；是那些当你痛苦的时候，能够伸手给你力量的人；是那些当你哭的时候，陪你一起掉眼泪的人……

在唐朝的贞观年间，有一位有名的大将名叫薛仁贵，他在参军入伍之前家境非常的贫困，和自己的妻子住在一个破窑洞里，过着食不果腹、衣不蔽体的生活，多亏了一个叫王茂生的朋友靠卖豆腐接济他们。

后来，薛仁贵参军入伍，他的妻儿也是靠王茂生夫妇接济才不至于饿死。薛仁贵随唐太宗御驾东征平叛勃辽叛乱，在战场上，他战功赫赫，受到唐太宗的赏识，被封为"平辽王"，从此他身价倍增，踏上了青云路。他从一个名不见经传的平民，一跃成为王侯，来为他送礼的达官显贵络绎不绝，但是都被他婉言谢绝了。

王茂生想要看看薛仁贵是否忘记了贫贱之交，在酒坛子里装满了清水之后，谎称是美酒送到薛王府。奇怪的是薛仁贵什么礼都没收，却唯独收下了这两坛"美酒"，并且请王茂生到王府赴宴，在他的餐桌上摆放着王茂生送的两坛"美酒"。而其他宾客的餐桌上摆放的是王府的酒。他当着王茂生的面喝了一碗，并称："真是好酒啊。"王茂生很惭愧，便说了实情，可是薛仁贵并没有怪罪于他，而是当着众人的面，又将三碗清水一饮而尽。

他对大家说："我和夫人过去连吃穿都成问题，全靠王茂生大哥夫妇的接济，才让我有了今天。如今我美酒不沾，厚礼不要，唯独就要王茂生大哥的两坛清水。虽然这是清水，但是它却比任何美酒都要香甜。因为我知道王大哥家里没有钱打酒，这两坛清水也是王大哥的一番盛情。朋友之间，就应该像这样，即便是清水也能喝出美酒般的香甜。"从此以后，薛仁贵把王茂生一家接过来，让王茂生来帮自己管理王府。

薛仁贵与王茂生之间的情谊因为平淡而越加弥足珍贵。因为友谊不是靠金钱来衡量的，而是靠自己用心去经营的。只要用心去和朋友相处，那将比任何的金银财宝都珍贵，比任何的身份地位都高贵。

就像庄子所言："君子之交淡若水，小人之交甘若醴。君子淡以亲，小人甘以绝。"君子之间的感情像水一样淡而无味，就是因为这种平淡才有朋友之间轻松自在的感觉，朋友之间的关系才会更为长久；而太过于甘甜却会使人疏远，让人感觉是一种负担，疏远是不可避免的趋势。

君子之交就是要我们在现实的交际过程中，不要掺杂太多的利益得失，以减少一些功利心，因为友谊是一种享受，而不是一种负担，要想交到知心的朋友，就要用一颗平和的心去交换，因为友谊不需要豪言壮语，不需要矫揉造作，更不需要我们用任何的功名利禄去交换。

真正的君子之交需要我们之间多一些平淡，不管时间过去多久，在内心深处总是为对方留一个角落。见面也不需要太多的客套，只是彼此看看，享受一下相聚的喜悦，没有吹捧，没有猜忌，就像清水一样透明。

总之，君子之间的交往平淡无奇，没有互相奉承，没有豪言壮语，只有两坛清水，像清水一样透明。舍得那些虚假的客套，舍得那些豪言壮语，我们才会获得更为长久的友谊。

5. 舍弃自私，才能拥有

在现实生活中，千万不要让自私蒙蔽了双眼，要舍掉自私，心
存善意，把别人的利益放在第一位。

有人说："趋利避害是人的本性，人都是自私的，总是爱自己比爱别人多一点。"所以，人们时常为得到一些利益，便和别人争得面红耳赤，不可开交。有时候，有的人为了自己的利益不惜损害别人的利益，将自己的幸福建立在别人的痛苦之上，这样的人又怎么可能有真正的朋友，这样的人又有谁愿意和他交往呢？

试想，如果每个人都因为一点蝇头小利而争执不休的话，那么我们的人际关系会是什么样子呢？到最后不仅把原来很好的人际关系搞僵，而且自己什么都没有得到，这样岂不是得不偿失吗？

曾经有一群年轻人，非常具有挑战的精神。有一天，他们想挑

战沙漠。于是，他们做好准备，带了充足的食物和水，走进了黄沙滚滚的沙漠。

沙漠的环境实在是太恶劣了，他们与沙漠的恶劣环境进行顽强的斗争，随着时间的推移，他们带的干粮和水也在逐渐减少。在恶劣的环境中，有些人支持不住了，有的人饿死了，有的人渴死了。几天后，只剩下两个人还活着。他们相互扶持，在沙漠里艰难往前走。

又过了几天，他们仍然没有走出沙漠。可是，此时他们只剩下一袋面包和一瓶水了。他们决定吃掉最后这些东西来补充体力，做最后的努力。

当他们看到眼前的食物和水的时候，便开始争抢起来，甚至大打出手。结果一个人抢到了面包，另一个人抢到了水。自私的本性让他们只想着自己，谁也不肯让谁，谁也不肯分给彼此一点。结果可想而知，抢到水的人，饿死了，抢到面包的人，渴死了。到最后，他们谁也没有获得利益，全都葬身于沙漠之中。

自私不断充斥着我们的生活，摧残着我们的人际关系，它如同是一堵墙，把我们与外界隔绝，不允许我们与任何人交往。我们要想获得良好的人际关系，就必须摒弃自私，主动让利。到最后，我们会发现自己不但没有吃亏，而且还获得了更好的人际关系。

　　李嘉诚的儿子李泽楷在接受记者采访的时候，记者问他："您的父亲是华人首富，而且您自己也那么优秀，真是将门虎子，是不是您的父亲教会了您很多赚钱的方法呢？能和我们说说吗？"

　　李泽楷摇了摇头，回答道："父亲什么赚钱的方法都没有教过我，他只和我说，每一个人都很不容易，在与别人合作的时候，不要总是想着自己利益的得失，要把别人的利益放在第一位。在与别人合作的时候，假如李家拿七分合理，八分也可以，那么李家只拿六分就可以。如果生意做得不理想，我们宁愿不要任何利益。"

　　正是因为这种不自私的原则，凡是与李嘉诚合作过一次的人，都愿意继续与他合作，而且还会给他介绍一些朋友作客户，再扩大到朋友的朋友，这些人都成为了他的客户。他有了好的人缘，生意才能越做越大，让自己的利益倍增，结果反而成就了李嘉诚，使他成为了华人首富。而他的儿子也是秉承着父亲的处世原则，才成为了身价过亿的富翁。

　　正所谓："人之初，性本善。""恻隐之心，人皆有之。"只要我们在为人处世上，舍掉自私，心存善意，那么，我们就会拥有好的人际关系。同时，舍得舍得，有舍才有得。人都是有感情的，每个人都懂得"投桃报李"的道理。当别人接受你的桃子的时候，必然会给你其他的礼物作为回报。

明白了这些道理之后，如果你想拥有更好的人际关系，那么，就要舍掉自私，摒弃自私，推倒阻断我们人际关系的这道墙，以无畏的精神和态度，迎接更多朋友，迎来更好的人缘。

6. 舍得微笑，得到友谊

舍得微笑，真心诚意地为朋友着想，我们的友谊之路才会长远，我们的友谊之树才会常青。

金钱是朋友之间最大的威胁，周立波曾说过："如果你想让你的朋友迅速离你而去，那你就频繁找你的朋友借钱吧。经过了几次借钱，你的朋友一见到你，就会望风而逃。"虽然他的语言比较犀利，有些夸张，但是有些时候，朋友之间过分强调金钱，或者朋友之间对于金钱过于斤斤计较，确实会伤害朋友之间的感情。

俗话说："交友交义不交财，交财两不来；要想朋友好，银钱少打扰。"即使彼此的感情非常深厚，但是，如果对金钱利益过于计较，那么友谊也会犹如见光的精灵一样，顿时变得脆弱不堪。到最后，有可能会把自己置于人际关系的难题之中。

阿明和阿林是从小长大的好朋友，他们大学毕业后一起合租房子，两个人的感情非常好，经常吃喝不分，二人领完工资就放在客厅的柜子里，谁想用就直接去客厅的柜子里拿。二人的感情羡煞旁人。

可是好景不长，由于工作上调动，两个人不得不分开，各人租各人的房子。但是，虽然他们不住在一起，可是感情却和往常一样，如果谁缺钱就说一声，另一个立刻就给对方送过去，从来都不记账。

后来，阿林交了一个女朋友，于是他的花费就大了起来，常常因此跟阿明借钱，却从来不提还钱的事。时间一长，阿明就有些不高兴了。有一次，阿林又向阿明张嘴借钱，阿明毫不留情地拒绝了他，于是阿林生气了，他跟别人说阿明不念及朋友情谊，跟他借点钱都不肯借。这话传到了阿明的耳朵里，阿明非常气愤。

就这样，两个昔日的好友，如今却势同水火，谁也不理谁，别人曾经认为坚不可破的友谊之塔，就这样在金钱的面前轰然倒塌了。

可以说，向别人借钱或者借钱给别人，最大的危险不是钱的问题，而是让感情的成分夹杂了利益。利益是一把双面带刺的刀子，稍有意外就会伤人伤己。

朋友之间贵在情意，一个人要想在友谊之路上走得长远，不能总是想着占对方的便宜，因为每个人的能力都是有限的，任何人都不比别人傻多少。如果你总是一味地想占朋友的便宜，那么，朋友迟早会因为你的自私而离你远去。

朋友之间应该懂得互相帮助，但是滴水之恩当涌泉相报，是做人的基本准则，有来有往才会让两个人的友谊更加牢固。你不能拿别人的帮助当成是理所应当，否则的话就只会因为自己舍不得利益，而让朋友舍你而去。

马克思对恩格斯的才能十分敬佩，说自己总是踏着恩格斯的脚印走。而恩格斯总是认为马克思的才能要超过自己，在他们的共同事业中，马克思是第一提琴手而自己是第二提琴手。《资本论》这部经典著作的写作及出版，就是他们伟大友谊的结晶。

1848年大革命失败后，恩格斯不得不回到曼彻斯特营业所，从事商务活动。这使恩格斯十分懊恼，他曾不止一次地把它称作是"该死的生意经"，并且不止一次地下决心永远摆脱这些事，去干他喜爱的政治活动和科学研究。然而，当恩格斯想到，被迫流亡英国伦敦的马克思一家经常以面包和土豆充饥，过着贫困的生活时，他就抛开弃商念头，咬紧牙关，坚持下去，并取得了成功。这样做，为的是能在物质上帮助马克思，从而使朋友，也使共产主义运动最优秀的思想家得到保存，使《资本论》早日写成并得以出版。

于是，每个月，有时甚至是每个星期，都有一张张一英镑、二英镑、五英镑或十英镑的汇票从曼彻斯特寄往伦敦。1864年，恩格斯成为曼彻斯特欧门—恩格斯公司的合伙人，开始对马克思大力援助。几年后，他把公司合伙股权卖出以后，每年赠给马克思350英镑。这些钱加起来，大大超过恩格斯的家庭开支。

马克思与恩格斯这两位革命巨人之间的友谊，是值得欣赏和学习的。在他们的身上，我们能够发现友谊的闪光点。朋友之间不计回报地付出和帮助，舍得付出，友谊之路才能长长久久。

朋友之间的相处之道，就是应该首先为对方着想，应该顾及朋友的利益，而不能在朋友面前计较利益的得失。总是想让自己拿大头，让朋友吃亏，那样我们将没有任何朋友。相反地，如果我们能把更好的利益让给朋友，这样做友谊才会长久。

在交际的过程中，只有懂得"舍得"二字，舍得把利益让给别人，利益才不会在我们和朋友之间挖出一条不可逾越的鸿沟，才不会伤害我们和朋友之间的感情，导致人际关系的失败。

第三章

怨恨之累

舍不得宽恕就得不到善待

　　人生就像一场戏，因为有缘才相聚。我们能够相聚在一起确实不容易，我们应该去珍惜，不要因为小事而向别人发脾气。在生活中，我们不妨多些舍得，来挽留住我们和别人之间的感情。

1. 上善若水任方圆，水利万物而不争

做人应该像水一样，水滋润万物，但从不与万物争高下。

世界上没有两片相同的树叶，每个人都是独立的个体，正是因为如此，每个人的思维也不尽相同。我们在与人交往的时候，遇到别人和我们的意见不同的情况是很正常的，争执也难免会时有发生。适当地争论，能够让我们弄清事实的真相，这是积极的一面。

但是，能够在争论中保持情绪平稳的人，却是少之又少。在争论的时候，绝大多数人不免心态失衡，要和对方争得"天昏地暗，面红耳赤"，非要把别人批判得一无是处，不把对方说得哑口无言、低头认输绝不罢休。

这样的人，何曾懂得"舍得"二字？表面上看，他们言语犀利，能说会道，的确得到了胜利，让所有的对手望风而逃；但事实上，他们没有得到一点的好处，是大大的失败者。因为他们与别人争论的时候，心态自然波动异常，心里充满了愤恨，会终日生活在急躁焦虑之中。

而且，谁也不愿意舍弃那不必要的争论，在不断升级的话语中，往往容易让人失去良好的自控能力，在不自知的情况下，态度渐趋蛮横，话语逐渐伤人，很容易去挑战对方的心理防线，从而让对方感到你的敌意，伤害了对方的感情，导致双方都不冷静，结果可想而知，无形之中就会给自己埋下祸根！

正如英国的一句谚语："无谓的争论就像家鸽，它们飞出去后还会飞回来。如果你我明天要造成一种历经数十年直到死亡才消失的反感，只要轻轻吐出一句恶毒的评语就够了。"在这一点上，成功学大师卡耐基也曾吃过大亏。

第二次世界大战刚刚结束，英国举办了一场宴会，为一位战争英雄授予爵士勋章。宴席期间，一位声名显赫的先生讲了一段幽默的故事，并引用了一句话，大意是"谋事在人，成事在天"。那位健谈的先生随后又补充说，他所征引的那句话出自《圣经》。

当时戴尔·卡耐基也被邀请参加宴会。听到这位先生如此说，卡耐基笑了起来，因为他知道，这位先生说错了，那句话出自莎士比亚的剧本，而且他清楚地知道出自哪一幕的哪一场。

卡耐基按捺不住自己的表现欲望，当场纠正了那位先生。那位先生立刻反唇相讥："什么？出自莎士比亚？不可能！绝对不可能！那句话就是出自《圣经》。"

卡耐基有些不屑地说："如果你不相信，可以问问坐在我旁边的这位先生，他是我的朋友法兰克·葛孟，他研究莎士比亚的著作已有多年。"

谁知，葛孟并没有站起来，而是在桌子下踢了卡耐基一脚，低声说："你错了，这位先生是对的，这句话的确出自《圣经》。"

卡耐基茫然地看着葛孟，不知道他为什么要这样做。宴会结束后，卡耐基私下里问葛孟："法兰克，你明明知道那句话出自莎士比亚，你为什么要撒谎？"

葛孟回答："没错，我当然知道。那句话出自《哈姆雷特》第五幕第二场。可是亲爱的戴尔，我们是宴会上的客人，为什么要证明他错了？那样会使他喜欢你吗？为什么不保留他的颜面？他并没问你的意见啊，他也并不需要你的意见。为什么要跟他抬杠？要记住，永远避免跟人家争吵。"

卡耐基一听，顿时愣住了。他这才意识到，为什么后来那位先生几乎不和自己说话，甚至许多人也都对他投来了异样的眼光！

这件事给了卡耐基一个教训，让他发出了这样的感慨："不要和别人做无谓的争论，你赢不了争论。要是输了，当然你就输了；如果占了上风，获得了胜利，你还是输了，因为这证明了你并不是一个会做人的人。"

毕竟，生活中的相处并不是辩论赛，赢了往往什么也得不到，除了平添他人的恼怒、内心的怨恨之外什么也得不到。那些不愿意舍弃争论的人，不仅自己的心里不痛快，就连别人也不愿意与之交往，遭人冷落，受人排挤。丢掉了内心的和谐，失去了原本的友谊，最终倒霉的只会是自己，而不是别人！

卡耐基这位大师尚且如此，更何况我们这样的普通人呢？如果你是那种头脑灵活、善于争辩、口才出众的人，如果你是遇到别人与自己的意见不统一时，就忍不住要发挥自身特长，把对方卷入争辩中的人，那么，从现在开始，舍弃那些无谓的争论吧！

人与人之间是必然有分歧的，没有分歧就没有解决问题的最佳办法，争吵不可避免，如何才能舍弃争吵的习惯呢？在这里，提供给你几个很简单的小方法，尽情展现你的修养吧！

无论你遭遇了多么不公的事情，你可以直抒胸臆，但千万不要感情用事，采用激烈的言辞，甚至过火的态度。我们不妨先冷静下来，想一想，冲动是魔鬼，我们凭借着一时的冲动和别人争吵是否值得。这样，你的情绪就会得到迅速转移。

待情绪稳定一点后，心平气和地说出自己的想法，最好是能够以"我不确定自己的想法是否正确，我是这样想的……""如果我的想法有错，请你指出来"等说话方式开始，这样对方就能心平气和地听取你的想法，不知不觉地接受你的意见。

平常生活中，你更应时时告诉自己：一个问题没有绝对的对错之分，与人发生分歧时，找出双方一致的地方，并强调对方的优点，先肯定对方，对方也就会对你的某些意见表示让步，大多时候争论就不会发生了。比如，你可以婉转地说"关于这一点，我同意你的意见，不过除此之外，不是还有这样的方法吗"，或者"嗯……你说的不无道理。不过，采取我的方法，不是更好一些吗？"

掌握了以上几个方法后，你就能够轻松地舍弃无意义的争论，并且不露痕迹地将自己的想法输入对方的潜在意识里面，使自己的观点得到认可。你会发现，自己将更受人们的欢迎，人际之路将走得更通畅！

2. 怀揣正能量，拒绝坏情绪

要记住自己是快乐的天使，那么别人就会因为你的快乐而来到你的身边，成为你的朋友。

人们都说："人在江湖，身不由己。"当我们在与别人交往的过程中，难免会有摩擦和矛盾，有时候，会让我们很懊恼，也会让我们很气愤。这时候我们可以选择让别人耿耿于怀、怒发冲冠、一筹莫展，也可以选择忍一时之气，以退为进。

要是换做你，你会如何选择呢？

事实上，每个人在和别人交往的时候，都希望别人能给自己带来快乐，都希望自己能从对方的身上获得积极向上的东西。如果我们总是一副怒发冲冠的样子，那么别人还会愿意和我们交往吗？他们还会留在我们的身边吗？

要知道，情绪像传染病一样，随时有可能传染到别人身上。如果我们不能控制自己的坏情绪，情绪会通过我们的姿态、表情、语言传达给周围的人，在不知不觉中感染到对方，引起对方的情绪不正常，伤害到我们身边的人，最终导致自己众叛亲离。

唐僧师徒四人一路西行，来到了玉华州，突然看到一群官兵，在街上大喊："过往行人听着，路过僧人不准经过玉华州，城里僧人迅速离城，如若不然，三日之内将城内所有的和尚赶出玉华州。如有收容僧人的，就地正法。"

这时，正要经过玉华州的唐僧听说玉华州不允许有僧人，这下可犯难了，他对孙悟空说："悟空，这可如何是好啊？"孙悟空说："这好办，我们弄套衣服乔装打扮一下。"于是他们师徒四人乔装成过路的客商去玉华州投宿。

孙悟空在客店问老板娘为什么玉华州要驱赶和尚，那个老板娘说："我听说，国王在一天夜里，做了一个奇怪的梦，梦见自己的国家被和尚给夺走了，自己的王后也被和尚给掳走了，成了那个和尚的王后。国王一觉醒来就下令，驱赶所有的和尚。"

于是，夜里孙悟空作法，剃去了国王和王后以及所有王公大臣的头发，一夜之间满朝文武全都变成了和尚。后来几个王子巡察旅店的时候，把唐僧师徒四人带进了王宫，孙悟空在玉华州的王宫中，让玉华州的皇帝和王公大臣吃尽了苦头之后，他们才现身。孙悟空大喊："好一个荒唐的国王，做了一个荒唐的梦，又做出如此荒唐的事。"在玉华州的国王认了错，又下令召回被驱赶的和尚之后，孙悟空才把头发还给他们。

就像玉华州的国王一样，仅仅因为一个荒唐的梦就大发雷霆之怒，把自己的坏情绪都施加在别人的身上，做出如此荒唐的事情，弄得全国上下提心吊胆、人心惶惶，这样的皇帝又怎么能够赢得子民们的尊重和爱戴呢？

也许，你会说："在朋友面前，就要展示真实的自我，就不应该遮遮掩掩，我不高兴就是不高兴了，我就是一副闷闷不乐的样子，谁让他们惹我生气的？"也许有时候，朋友在有意或者无意间惹到我们了，但并不代表朋友就是我们的"出气筒"。正所谓："己所不欲，勿施于人。"

忍一时风平浪静，退一步海阔天空。不要因为朋友之间的一点摩擦和矛盾就耿耿于怀、大动干戈。朋友之间，吵架拌嘴是常有的事，过去了，应该就什么事情都没有了，又何必让我们成为坏情绪的传播者呢？

李斯特是著名的匈牙利作曲家、钢琴家、指挥家，伟大的浪漫主义大师，是浪漫主义前期最杰出的代表人物之一。有一次，他看到一个不是他学生的姑娘在演唱会的宣传海报上自称是他的学生，并没有为难她，而是在演出的前一天出现在姑娘面前。姑娘惊恐万状，抽泣着说，冒称是出于生计，并请求宽恕。李斯特要她把演奏的曲子弹给他听，并加以指点，最后爽快地说："大胆地上台演奏，你现在已是我的学生。你可以向剧场经理宣布，晚会最后一个节目，由老师为学生演奏。"李斯特在音乐会上弹了最后一曲。

李斯特在发现姑娘冒充是自己的学生后，并没有生气，更没有为难她，而是在演出前给出了宝贵的指点，破例收其为徒，也正是其宽广的胸怀成就了他一生。

在生活中，我们要懂得"舍得"二字，懂得放弃那些坏的情绪，不要把自己的坏情绪施加给别人，不要因为自己的坏情绪而赶走你身边的人。

3. 凡事心存和乐，而不厌烦暴躁

生活并不像湖水一样平静，人生也不会事事都如意，一旦遇到不顺心的事情，很多人也会习惯性地怒上心头、火冒三丈，冲人乱发脾气，这样做其实毫无意义。

有一首曾经很流行的《莫生气歌》：

"人生像是一场戏，因为有缘才相聚。相遇相知不容易，是否更该去珍惜。为了小事发脾气，回头想来又何必，别人生气我不气，气出病来无人替。我若气坏谁如意，而且伤神又费力。"

其实，人生就像歌里唱的一样，我们都是因为有缘才相聚在一起，更应该加倍珍惜这段缘分，没有必要因为一点小事而大动肝火，气出病来只能自己忍受着，没有任何人能够代替我们受罪。而且，我们生气的时候，还会伤害到自己和别人的感情，让自己苦心经营很久的人际关系因为我们乱发脾气而越弄越糟。

从前，有一个名叫乔治的小男孩，他的脾气很暴躁，只要有一点不如意，就会和他的父母发脾气，或者对他身边的朋友动怒，那些小伙伴们谁都不喜欢和他一起玩。他的父母也为了他的坏脾气，不知道该如何管教自己的儿子。

有一天，父亲灵机一动，终于想到了教育自己儿子的方法。他把乔治叫了过来对他说："孩子，从今天开始，每当你生气的时候，就在外面的篱笆上钉进去一颗钉子，这样会比你向别人发脾气觉得更舒服。"

一开始，乔治不明白他爸爸的用意，他心想："爸爸为什么要让我这么做呢？钉钉子真的可以让自己不生气吗？"在好奇心的驱使下，他决定按照爸爸的说法去做，看看爸爸说的到底是不是真的。

于是，每当他因为一些小事生气的时候或者想向别人发脾气的时候，乔治总是忍住，然后在自家篱笆上狠狠地钉进去一颗钉子。奇怪的是，真的很神奇，每次他把钉子钉进去之后他就不觉得那么生气了。

慢慢地，乔治生气的次数越来越少，脾气变得越来越好了，但是当他生气的时候，他依然坚持往篱笆上钉钉子。

父亲看到乔治脾气的改变非常高兴，一天，他把乔治叫到身边说："亲爱的儿子，你现在还为那些被你钉上篱笆的事情而生气吗？"

乔治说："不生气了，我现在都忘记了自己当时为什么生气了。"

然后，父亲带着乔治来到他钉钉子的篱笆跟前，让乔治把篱笆上的钉子取下来。乔治费了九牛二虎之力才把那些钉子全取下来。

这时候，爸爸对他说："你看篱笆上的那些洞，每当你向别人发脾气的时候，就像在别人的心里钉上一颗钉子。现在虽然钉子拔出来了，但是被钉子钉的洞仍然留在篱笆上，同时那种伤痛也留在别人的心里，你明白吗？"

乔治惭愧地点了点头。从那以后，他的脾气越来越好，再也不随便向别人发脾气了。

就像乔治的父亲说的那样，每当我们因为一些小事怒上心头，向别人发脾气的时候，我们就像在别人的心上钉钉子一样，会在别人的心上留下永远抹不掉的伤痛，要是这样的话，自然就会失去很多珍贵的友谊。

既然如此，碰上了不愉快的事情时，我们就要学会如何控制住自己的情绪，先和自己说："小事一桩，何必怒上心头。"给自己消消气，这样既能让自己身心健康，又不至于让心中的怒火烧伤周围那些亲近你的人，最终能维护好自己和别人的关系。

苏格拉底的妻子脾气非常不好，是一个有名的悍妇。她常常对苏格拉底疾言厉色，但是苏格拉底从来都不对妻子发火。

一天，妻子又因为一件小事而大动肝火，她向苏格拉底发火，把苏格拉底痛骂了一顿。她还觉得不解气，于是她又提了一桶水，从苏格拉底的头上倒下去。苏格拉底全身都湿透了。

朋友们都以为苏格拉底肯定会大发雷霆，但出乎意料的是，苏格拉底并没有生气，而是笑着说："我就知道，打雷过后，肯定会有一场大雨的。"结果，妻子也忍不住笑了起来，一场大战就这样避免了。

俗话说："夫妻吵架不记仇，半夜三更睡一头。"苏格拉底就是本着这个原则，才会幸福地生活着。他没有因为妻子的无理取闹而大发雷霆，因为他知道这只不过是小事一桩，没有必要怒上心头。

做人就应该向苏格拉底那样，才会有和谐的人际关系。遇事不要生气，以幽默来化解别人的怒火，化解和别人的矛盾，这样既能让自己幸福地生活，又能让自己的朋友不因自己的怒火而伤害到他们，才会让朋友留在自己的身边。

遇到不如意、不愉快的事情的时候，学着冷静一点，告诉自己："这只是一件鸡毛蒜皮的小事，根本就不值得我们去发火，又何必因为这些微不足道的小事而怒上心头呢？"如此做了，你会发现真的没有什么可气的！

4. 冷静的脑，温暖的心

人与人之间的相处需要宽容和冷静，当我们和朋友的关系因为一些不良因素而出现裂痕的时候，就更加需要我们冷静下来，心平气和地看待发生的一切，把事情搞清楚再做论断。

在为人处世中，如果我们不够冷静，经常被怒气冲昏头脑的话，这样是得不偿失的。试想，如果有一个人一遇到事情就不冷静，便怒气冲天，只想着怀疑别人，恶语中伤别人，那么，要是你，你会愿意和这样的人交往吗？

李东、刘一帆、胡刚是发小，他们的友谊非常深厚。有一天，李东遇到了胡刚，二人见面非常地高兴，于是他们走进一家餐馆，打算喝点酒，唠唠家常。

李东刚坐下，就说："刘一帆这人太不够意思了，我这回可领教了。你说人怎么都这么自私呢？算了，不提了，我再也不想见到他了。"

胡刚很不解，问："发生什么事了，让你这么恨他？"

李东气愤地说："前一阵子，我们合伙开了家商店，我出钱，让他帮我经营，可是都好长时间了，一分钱都没收回来。我一问，他居然拿现在生意不好做的理由来敷衍我。可他自己的小日子过得却好得很呢，整天吃喝玩乐的，前两天我还看到他和别人去一家高级酒楼吃饭呢。"

胡刚说："不会吧，刘一帆不是那种人啊，肯定其中有什么缘由吧。"

李东正在气头上，他哪能听进去胡刚的话，甚至还把怒气发到了胡刚的身上："你怎么就敢肯定他不是那样的人，你是来替他说好话的吗？你俩不会是串通好了的吧！好吧，好吧，你俩关系最好，我是外人。"

一听这话，胡刚也很生气，说了一句"不可理喻"，就拂袖而去了。

过了几天，李东主动邀请胡刚吃饭。刚落座，李东就说："上次的事情真是对不起啊，我是来向你道歉的，哪天叫上刘一帆，咱们哥仨再好好聚聚。"

胡刚说："我倒是没有关系，你不说再也不想见刘一帆了吗？"

李东惭愧地说："误会误会。刘一帆已经跟我说了，那天他去高级酒楼吃饭是为了陪一个客户，他知道我胃不好就没有叫我。这不，他刚刚拿下了这笔单子，这可是一个大客户啊。刘一帆真够意思，还和我五五分成。"

李东正是因为遇事不冷静，反而让怒火冲昏了自己的头脑，到处去说自己好朋友的不是。幸好朋友及时解释，又宽容大量，否则，等事情越闹越大后再想弥补，那还有什么用呢？这样不仅解决不了问题，反倒伤害朋友之间的和气。

在人际交往过程中，面对他人，少一些怒气，多一些笑脸，少一些猜忌，多一分冷静，这样，我们在生活中，才不会被那些怒气冲昏头脑，才不会被那些怒气所左右，也才不会因为这些不愉快的事情而失去生命中的朋友。

5. 原谅别人，等于善待自己

在工作和生活中，如果别人错了，我们应该去帮别人分析和改正错误，而不是长吁短叹，怨天尤人。

就像康德所说："生气是拿别人的错误惩罚自己。"人的生命是有限的，但是美好的生活却是无限的，在我们有限的时光里，我们没有必要对别人吹毛求疵，把我们宝贵的生命浪费在对别人的埋怨和痛恨里。

人非圣贤，孰能无过。在生活中，别人难免会因为一时的大意，而伤害到我们，我们要学会忘记他人的错误，不拿别人的错误惩罚自己，好好完善自己，修身养性，这样才不至于将自己囚禁在痛苦的深渊中。

小米是一个小学生，曾经有一段时间，他的妈妈发现他总是闷闷不乐的，于是就问他是什么原因："是不是和同学吵架了？别人欺负了你吗？"

小米点了点头说："在我们班我有一个非常要好的朋友，前几天他的铅笔盒坏了，可是他非说是我弄坏的，还让我赔他的铅笔盒。实际上根本就不是我弄的，我已经跟他说过好多次了，可是他就是不相信，后来事情水落石出了，是别人不小心弄坏了他的铅笔盒。您说我们曾经是那么要好的朋友，他为什么就不相信我呢？我现在一点都不喜欢他了，再也不想和他做朋友了。"

妈妈说："没错，他冤枉了你，是他错了，可是每个人都有可能犯错，你不能总拿别人的错误惩罚自己啊，因为他无意中伤害到你，你就不和他做朋友了，那值得吗？爸爸妈妈有时候也犯错，难道你也不要爸爸妈妈了吗？你也有可能会犯错，如果你犯错了别人也不原谅你，你会怎么想呢？相反，如果你能原谅他，继续和他做朋友，那么你们以后的感情会更好。"

小米点了点头。后来，小米听了妈妈的话，原谅了他的朋友，他的朋友非常地感动，不仅主动向他道歉，还给他买了好多的礼物。小米又高兴了起来，而且小米和他的朋友的感情比以前更好了。

正是因为小米听了他妈妈的劝告，没有因为朋友的过错而耿耿于怀，相反，他选择原谅他的朋友，到最后，他不仅没有失去他们的友谊，与朋友的感情反而比以前更加深厚了。

因为别人的错误耿耿于怀，就等于是拿别人的错误来惩罚无辜的自己，是最愚蠢的行为，因为这既不会让自己的心灵好受，也伤害了别人。遇到这种事，我们不妨一笑而过，这样，我们就会有一个良好的交际氛围。

一位86岁高龄的老太太，她的一生都非常幸福，不仅身体硬朗，心情舒畅，还有一大群好朋友，周围的人都喜欢和她在一起。这引起了某电视台一位记者的注意，他决定采访一下这位老太太。

"你为什么这么幸福，有这么多朋友呢？"记者问。

老太太呵呵一笑，回答道："其实拥有一个幸福的人生和良好的人际关系很简单。第一，不要拿自己的错误惩罚自己。第二，不要拿自己的错误惩罚别人。第三，不要拿别人的错误惩罚自己。"

接着，老太太又补充道："做到这三条，你的人生就不会太累，你的朋友也不会离你而去。"她边说边晃着三根手指，脸上洋溢着返老还童的天真和历经沧桑的从容。一下子，记者也觉得自己喜欢上了这位老太太。

用自己的错误惩罚他人，朋友会离自己远去；拿自己的错误惩罚自己，就会把自己封闭起来看不到阳光，感受不到别人的温暖；拿别人的错误惩罚自己，就会痛恨别人，让别人因为你的痛恨离你而去。

生活如此美好，我们应该将我们有限的生命全部用在享受生活上，而不是不肯原谅别人的错误，抓住别人的错误不放手，这样既伤害了别人的感情，也增加了我们自身的痛苦，又何必呢？

在现实的交往过程中，我们要明白"舍得"二字，不要拿别人的错误来惩罚自己，也不要拿别人的错误惩罚别人。学着原谅别人的错误，放过别人的错误，那么我们的人际关系必将是愉快和谐的。

6. 任何事情，微笑面对

我们不要对别人的恶言恶行而耿耿于怀，不要总是对发怒情有独钟，要学会自我调整，经常保持自己的好心态。

每个人都是一个独立的个体，不可能每个人的想法都和我们一样，也许有时别人的做法让我们很不解，让我们很生气，你可以选择义正词严地将别人数落一番，也可以选择暂时忍耐，给别人留点尊严也给自己留点尊严，何必执着于贪图一时的痛快而向别人发泄自己的怒气呢？

要知道，怒气无法解决任何问题，只会伤害到别人的感情，使他们对你敬而远之，或者嗤之以鼻；一时发泄的痛快也不能给我们带来快乐，只会让事情越变越糟，我们的内心也将受到痛苦的折磨。

既然生气不能解决任何问题，还会将事情搞得越来越糟，那么我们何须执着于自己动气呢？学着舍弃怒气吧！退让一点，忍耐一点，要知道人生最厉害的不是争一口气，而是咽下这口气。

有一天，袁尚正要出商场大门，不料，迎面撞到一位长相彪悍的中年男人。只听得"嘭"的一声，眼镜戳青了袁尚的眼皮，然后跌落地上，镜片摔得粉碎。此时，那男人毫无愧疚之色，反而理直气壮地说："谁叫你戴眼镜？"

袁尚心想："和他生气也没有用，不如不生气。"于是便微微一笑。

男人见袁尚以微笑回报他的无理，颇觉讶异地问："喂！你为什么不生气？"

袁尚回答道："为什么一定要生气呢？生气既不能使破碎的眼镜重新复原，又不能使脸上的瘀青立刻消失，苦痛解除。再说，生气只会扩大事情。如果我生气，对您破口大骂，或是打斗动粗，甚至伤害了身体，仍然不能把事情化解，不如不生气。"

听了袁尚的话之后，男人十分感慨，为了表示启蒙之恩，他主动提出要帮袁尚做一副新眼镜。最后，两人成为了好朋友。

只有懂得"舍得"二字，在为人处世中放下心中的执着，放下对别人错误的惩罚，这样我们才能获得更多朋友的支持和喜欢，拥有和谐的人际关系，进而拥有更加广阔的空间，获得丰厚的财富。

总之，在为人处世的时候，过于执着于生气只会伤害别人，影响自己和别人的感情。

7. 豁达洒脱，忧乐两忘

拥有豁达洒脱的处世精神、忧乐两忘的开阔胸襟，能够快乐地对待生活。

面对别人的攻击时，我们不免会情绪急躁，大动肝火，有时甚至还会和别人争得面红耳赤，非要与对方一较高下，让对方见识一下自己的厉害才肯善罢甘休。可是结果往往都是双方斗得两败俱伤，让两个人都没有好心情的同时，还让彼此之间的感情更加恶化，这又是何必呢？

既然怀着生气的情绪，不但不能和别人沟通，也不能化解和别人的矛盾，结果反而加剧和别人的冲突，那么，当我们受到别人言语或行动上的攻击时，不妨学着冷静一下，莫生气，或许对方会与你冰释前嫌，从敌对的立场成为朋友。

在这里，有一个经典的例子，我们不妨来分享一下。

欧玛尔，英国历史上唯一名留至今的剑手，他有独属于自己的取胜秘诀。

曾经，有个与欧玛尔势均力敌的敌手，他与欧玛尔斗了 30 年，仍然不分胜负。在一次决斗中，那位敌手从马上摔了下来。欧玛尔持剑跳到他身上，一秒钟内就可以杀死他，但欧玛尔没有动手，此时。他的对手却做了一件出人意料的事——向欧玛尔的脸上吐了一口唾沫。

欧玛尔停住了，对敌手说："我们明天再打！"

敌手有点糊涂了。

欧玛尔说："30 年来我一直在修炼自己，让自己不带一点儿怒气作战，所以我才能常胜不败。刚才你向我吐口水的瞬间我动了怒气，如果此时我杀死你，我就再也找不到胜利的感觉了。所以，我们只能明天重新开始。"

不过，这场争斗永远也不会开始了，因为那个敌手已经拜欧玛尔为师了。

敌手之所以能够与欧玛尔冰释前嫌，化敌为友，是因为欧玛尔面对他无理的举止，并没有愤怒地与他针锋相对，也没有利用自己当前的优势置对手于死地，而是心平气和地约定明天再战，这是敌手不曾具备的气概。他被欧玛尔的气魄所折服。不带一点儿怒气作战，这也是欧玛尔取胜的秘诀。

当被人误解，或者遭遇到不公正待遇的时候，我们原来的心理平衡会被打破，此时与其情绪激动地与人争斗、反唇相讥，还不如学会控制自己的情绪，先让自己保持冷静，释怀心里的"风暴"。

释怀心里的"风暴"，怀着"有话要好好说，万事好商量"的心态，用柔情来克制对方强硬的态度，你会发现，别人强硬的态度，在你的柔声细语之中是毫无用武之地的。这样，既让彼此都有好的情绪，也能够拉近彼此的关系。

面对别人无理的攻击，我们要学会释怀心里的"风暴"，除了以柔克刚之外，嫣然一笑也是不错的方法。文学大师拜伦就曾说过这样一句话："爱我的我抱以叹息，恨我的我置之一笑。"他的这一"笑"，真是洒脱极了，有味极了。

嫣然一笑，视若不见，充耳不闻，让人家去说，我们仍走自己的路，使这种攻击行为伤害不到你，拖不垮你，拉不倒你，挡不住你。当你争取到更大的成就和荣誉，让他人望尘莫及时，他人只能欣赏你。

由于工作出色，马虹进入公司不到三年就得到了领导的赏识，使得她从一个普通会计晋升为了财会小组长。遇到这样的好事情，马虹心里自然是美滋滋的，上下班路上都哼着小曲。但是很快这种好心情就被破坏了。

有一个同事见她升职加薪心里不平衡，觉得自己是老员工，凭什么这么好的机会让资历尚浅的马虹"捡"了。于是，他对马虹的态度尖刻了起来，说话很不客气，有时还带着"刺"。

听到这些，马虹自然明白对方所指，她很是气愤，但是理智控制了情感。办公室就几个人，她也不想搞得很僵，毕竟还要来往，而且自己也要发展和进步。于是，每当同事再对自己冷嘲热讽时，马虹都只是嫣然一笑，继续埋头工作。

就这样，马虹顶着被否定的心理压力，不断地提高自己、完善自己，工作成绩越来越好，又多次得到了领导的表扬。时间久了，这位同事也觉得马虹的工作能力的确比自己高出不少，也便不好意思再说什么了。

千万不要因他人的无理取闹、荒唐攻击而乱了方寸，也千万不要因此大动干戈，伤害自己和别人。只有懂得"舍得"二字，控制住自己的情绪。这样，你不但能轻而易举地战胜对方，而且还会博得对方的好感。

第四章

情爱之累

舍不得付出就得不到真爱

　　"问世间情为何物，直教人生死相许。"在生活中，
因为有爱而幸福，因为有爱而使我们的内心不再荒芜，
即使身处荒漠之中也因有爱而变成绿洲。当爱情来的时
候，我们应该加倍珍惜；当缘分已尽的时候，我们应该
及时放手。世间还有一种爱叫作放手。

1. 给别人爱，就是给自己幸福

在我们的人生旅程中，总会有一个人值得你关心、牵挂、喜欢和欣赏，拿出你的爱，学会爱别人吧。

人们都说："被爱是一种幸福，因为它证明了自己在别人心里的地位。"事实上，并不是我们在别人心里的地位越高，我们就越幸福。人生中最幸福的事情并不是被多少人爱过，而是我们有多爱别人，因为爱是一种能力。

如果我们没有爱的能力，不懂得爱别人，那么即使我们从别人身上得到再多的爱，我们也不会幸福，因为幸福是我们用真爱换回来的，没有付出真爱又怎能奢望换回来真爱，没有真爱的内心只会让内心变得更加荒芜。

有一个人，他去找佛祖寻求解脱之道，他说道："我一直都是个不缺少爱的人，在我的身边有很多人爱我，可是为什么我一点都不觉得幸福呢？"

佛祖笑了笑说："既然有那么多的人爱你，那你有试过去爱别人吗？"

那个人说："他们都那么爱我，根本就不需要我去爱，我没有爱过他们。"

佛祖说："这就是你为什么不幸福的原因。要知道，欲得善果，必先种善因。无论你想得到多少爱，都必须要先付出。只有经过付出，你才能体会到幸福。就像我们想要收获树上的果实一样，我们必须先给树浇水施肥，然后在我们精心地呵护下，结出的果实才会更加香甜。当你想得到别人的爱的时候，就必须要先去爱别人，这样你的生活才是幸福的。"

就像佛祖说的那样，要想从别人身上得到爱，首先得学会爱别人，这样我们才会是幸福的，爱是相互的，只有用真爱换回来的才是幸福，才能让我们的内心充满幸福，才会体会到相爱的甜蜜。

爱是一粒粒幸福的种子，只有舍得付出才会开出幸福的花朵，在芬芳众人的同时，最幸福、最陶醉的还是我们自己。爱因斯坦曾说过："请学会通过使别人幸福快乐来获取自己的幸福。"我们要想获得幸福，首先要学会如何使别人获得幸福。

其实，我们每个人都是被折断翅膀的天使，只有通过爱别人，让别人和自己互助互爱、相辅相成才能共同飞向幸福的天堂。所以，拥有爱的能力，懂得爱别人的人是最有资格拥有幸福的。

在广袤的草原上，动物王国里歌舞升平，动物们高兴地载歌载舞。这时候鹿小姐正欢快地展示着它的舞姿，它那婀娜的身姿、它那美丽的脸庞夺取了众人的眼球。这时，一位年轻的雄鹿走了过来，非常绅士地对它说："小姐，你真漂亮，我想如果你能参加这次动物王国的舞蹈大赛，肯定能获得冠军。"

那头雄鹿刚说完，鹿小姐黯然地低下了头，它说："我连交报名费的钱都没有，又怎么可能夺冠呢？"

雄鹿说："没有关系，我来帮你想个办法。明天的这个时候，你在这里等我，我为你送报名费来。"

鹿小姐听完后，非常地高兴，它说："这是真的吗？真是太感谢了，参加舞蹈大赛是我毕生的梦想。"

到了第二天，鹿小姐很早地就在约定的地点等着鹿先生了。这时候，鹿先生从远处走来，走到鹿小姐跟前将报名费递给鹿小姐，鹿小姐看着鹿先生头上裹着纱布，于是就问它："您怎么了，受伤了吗？"

鹿先生含含糊糊地说："没事，由于昨晚太黑，我不小心把鹿角给撞断了。"

鹿小姐说："你在骗人，昨晚的月亮那么圆，你怎么说天太黑？

我之所以会愿意接受你的帮助，因为你是个诚实的人，看样子，是我看走眼了。"说着她把钱还给了鹿先生转身就要走。

这时，鹿先生立即拉住鹿小姐的手说："好吧，我实话告诉你，其实我的鹿角被猎人割走了，是我主动找猎人，把我的鹿角卖给猎人，给你凑足了舞蹈大赛的报名费。我爱你，我是真心实意地想要帮助你达成你的愿望。"

鹿小姐被鹿先生的真心感动了，鹿小姐紧紧地抱住了鹿先生，于是它们相爱了。鹿小姐在舞蹈大赛中，一路过关斩将，终于赢得了冠军。后来，鹿小姐以身相许，它们过上了幸福的生活。

为了帮鹿小姐达成心愿，鹿先生不惜找猎人割掉它最值钱的鹿角，以换取舞蹈大赛的报名费。正是由于鹿先生懂得如何去爱别人，才会将鹿小姐感动，对它以身相许，迎来了属于它们的幸福。

只有舍得付出自己的爱，才会收获更多的爱，因为爱是一粒种子，只有播种的越多，收获的才会越多。因此，我们要想获得幸福，与其沉浸在被爱的幻想里，还不如清醒一下，行动起来去爱别人。

2. 彼此退一步，爱情进两步

在人生的道路上，前进并不是人唯一的处世之道；有时候，后退一步也能够让我们柳暗花明。

在生活中，爱给我们带来了无限的甜蜜和幸福，可是在爱情的道路上，也不光是只有进而没有退，因为在相处的过程中，有时候，往前一步就是暴风骤雨，也许后退一步就是风平浪静，就是海阔天空，只在于我们如何取舍。

俗话说："夫妻吵架不记仇，半夜三更睡一头。"宁吃过头饭，不说过头话，有些话如果硬碰硬地说，也许夫妻之间就吵起架来；相反，要是能够后退一步，温和地说，就会让夫妻之间更恩爱。

有一对夫妻非常地恩爱，丈夫很喜欢浪漫，而妻子却希望丈夫来一些实际点儿的东西。快到妻子的生日了，妻子希望丈夫不要再送花、香水、巧克力或只是请吃顿饭，她希望丈夫能够送她一枚钻戒，这是她梦寐以求的，因为他们在一起这么长时间，丈夫还没有送她一件像样的定情信物。

妻子对丈夫说："在我生日那天，你送给我一枚钻戒好不好？"

丈夫吓了一跳，说："什么？我送给你的那些不好吗？"

妻子说："我不想要那些花啊、香水啊、巧克力之类的了，没什么意思嘛，一下子就用完了、吃完了，到最后什么也没留下。不像钻戒，可以做个纪念。"

丈夫说："钻戒什么时候都可以买啊，一束玫瑰花，一顿烛光晚餐，多么浪漫，多么有情调，这不是女人都想要的吗？你们不都是喜欢浪漫的吗？"

妻子听完，气就不打一处来，她怒气冲冲地对丈夫说："我就是想要钻戒，为什么人家都有，就我没有？"面对妻子的无理取闹，丈夫实在是忍无可忍，于是两个人争吵起来，甚至吵到要离婚的地步。

更可气的是，当他们吵完之后，他们都不知道为什么吵架。想了半天，最后男人才挠了挠头说："我想起来了，因为你想要钻戒。"

因为买什么样的生日礼物，夫妻二人吵到了不可开交的地步。在婚姻中会出现很多这样的事情，谁多做一些家务，早上谁接那个吵醒美梦的电话，还有睡觉前谁关灯，等等，任何一件小事都可能引起一场夫妻大战。但是为了这点小事吵架，值得吗？

其实，爱情就是互相包容，有时候我们总想逞口舌之快，来证明自己有理，证明对方为自己付出是理所应当的，可是这样往往效果并不是很好。就算在口头上征服了对方，也会伤害到彼此之间的感情。与其那样，还不如退一步，换一种说话的方式，你会发现，对方不用你过多地去强调，也会心甘情愿地为你付出。

另一对夫妻，他们也非常恩爱，丈夫很懂得浪漫，每次一到妻子生日的时候，他都会给妻子买束玫瑰花，或者二人共进烛光晚餐享受一下浪漫的情调。可是这次妻子也想要个钻戒，不想再要这些虚无缥缈的东西。

妻子和丈夫说："亲爱的，今年不要送我生日礼物了好吗？"

丈夫很诧异地说："怎么，我送你的礼物，你不喜欢吗？"

妻子说："喜欢啊，但是太浪费了。不光今年不要送了，明年也不要送了。"丈夫的眼睛瞪得更大了，他不知道妻子要说什么。

妻子继续说："我想，把你给我买生日礼物的钱存起来，等我们存多一点，然后我希望你能给我买一枚钻戒，让钻石来证明我们永恒的爱情。"

这下丈夫才明白妻子的真实意思，他自己也觉得亏欠了妻子许多，应该满足妻子这个小小的要求。于是就在妻子生日的那天，丈夫从兜里掏出了妻子梦寐以求的礼物——钻戒，他们度过了非常愉快的一天。

　　第一个故事中的妻子否定了以前的生日礼物，伤了丈夫的心；她又说别人的丈夫都送钻戒，又伤害了丈夫的自尊，结果引发了一场无谓的争吵。试想，即使妻子在口头赢了丈夫，那又怎么样？丈夫既不会心甘情愿地买钻戒，而且还会伤害夫妻之间的感情。

　　相反，第二个故事中的妻子就不一样了，她以退为进，换了说话的方式，明明想要钻戒可是却反着说出来，让丈夫觉得她明白事理，对她心生愧疚，结果她根本不用气急败坏地和丈夫吵架，不费吹灰之力就让丈夫高高兴兴地给自己买了钻戒，丝毫没有伤害夫妻之间的感情。

　　所以在现实生活中，不管夫妻双方的感情有多深，我们都不能逞一时的口舌之快，一味地前进，伤害了对方的心，伤害了自己和对方的感情，而是应该适时地退让一下，顺应一下自己的爱人，才能经营好婚姻。

　　有舍必有得，我们舍得退一步，看似是爱人得胜，殊不知，你才是背后最大的赢家，因为这样的"退步"会让爱人对你充满感激，你就离他/她的内心深处更近了一大步。

3. 舍得给爱人足够的自由

爱他，就要舍得给他一定的自由，相信他一定会备加珍惜你的信任。

在爱情故事里，有不少人每天都在绞尽脑汁地想要管住爱人，尤其是女人。下班后不许丈夫东游西逛，必须立刻回家；酒不能多喝，烟不能多抽；异性朋友则是绝对禁止；出差要及时报告行踪，并且随时接受查岗……

我们相信，任何一个女人对自己丈夫所做的一切，都是因为爱、因为担心，以为感情只有看得紧，才能守得牢，感情才会天长地久。殊不知，感情是自由的，牢牢地抓住感情，就剥夺了属于对方的自由，这不是爱的表达方式。

说不定你这样管了，他还不领情呢。他会觉得你不信任他，觉得你在给他披枷戴锁，他会抱怨自己的日子没有以前无拘无束、自由自在了，勒得他将要窒息。他脑袋里整天想的就是怎么才能冲破禁锢。

何慧高挑俊秀、家境甚佳，又很会照顾人。婚后她在衣食住行等方方面面，为丈夫做这做那。何慧自认为是一个合格的妻子，可是，有一天丈夫却突然提出了离婚，他的理由是"我吃不消你给的爱"。

原来，何慧的丈夫性格开朗，又生性爱玩，习惯了自由自在的生活。但婚后何慧却要求丈夫事无巨细都要向自己汇报，下班之后立马回家，还不许他与女同事一起加班。丈夫的工作需要经常出差，何慧有事没事总是打电话询问他现在在哪里，想知道他和谁在一起，在干什么。有时候半夜她还要打电话，要是丈夫睡着了不接她电话，她就生气。

这样的情况时有发生，这个男人真不知该如何是好。他对何慧感慨道："你不理解我，也不信任我，一心想把我关在你的世界里，这里就像是动物园里的牢笼一样，我不可以做自己喜欢的事情，享受不到一点乐趣。"

永远不要处处管着你喜欢的那个男人，哪怕你再想知道他的行踪，也不要贴身追踪、隔两三个小时就打电话查岗。你要学着给他空间，否则，只会让男人厌烦，他会毫不留恋地离开你奔向远方。

如果你的爱给别人带来了负担，那并不是爱。真正爱一个人，并不是要占有他。如果你真正爱一个人，就不要用自私的爱控制你的爱人，适当满足他自由的愿望，给他选择的权利，让他自己主宰自己的生活，这才是真正的相爱。

在这里，我们分享一个有趣的哲理故事。

在森林王国里，小白兔终于找到了自己心爱的男朋友，它每天都沉浸在幸福和快乐之中，可是它越快乐，就越害怕，生怕有一天自己的男朋友会离自己而去。为了能把自己的男朋友留在身边，它找到了森林里最有智慧的山羊公公，请求山羊公公给自己出一个主意。

它说："山羊公公，我怎么才能把握住爱情，让我的男朋友一辈子都留在身边呢?"

山羊什么也没说，而是蹲下来，从地上抓起一把细沙。它问小白兔说："你看我手里的是什么?"

小白兔说："是一捧细沙啊。"

"你再仔细看看。"说着，山羊将手紧握，沙子立即从它的指缝间流了出来。等山羊张开手时，它手里的沙子已所剩无几了。

小白兔看完高兴地说："谢谢您，山羊公公，我知道该怎么做了。"

　　也许有人会奇怪，山羊根本就没有回答小白兔的问题，小白兔怎么就明白了呢？其实山羊已经回答了小白兔的问题，感情就像手里的细沙，需要我们用心去呵护。我们越用力，把感情抓得越紧，不给对方一点自己的空间，就像坐牢一样，没有任何的自由可言。这样的感情，迟早会在我们的指尖溜走。

　　实际上，感情需要的是我们用心去经营，要张弛有度，只有张弛有度的感情才会牢不可破。这就像放风筝一样，要懂得松紧有度，太松了有可能收不回来；太紧了就会使得风筝的线断裂，风筝也会随风远去。

　　总之，在爱情道路上要懂得"舍得"二字，舍得给爱人足够的自由，舍得给爱人足够的空间，这样，爱人和我们在一起没有心理负担，我们的爱情才会天长地久，我们爱的人才会和我们长相厮守。

4. 放爱一条生路，彼此如释重负

当爱情来了，我们要用心享受，千万不要放过任何快乐和幸福；可是当缘分尽了，我们也应该大度地放开手，只求一切随心随缘，让一切顺其自然。

爱情是两个人的事，并不是剃头的挑子，一头热就行，不能强求。当缘分尽了，那么就请放爱一条生路，也放自己一条生路。如果太过于执着，在不知不觉中，爱就变成了盲目的固执与任性，失去了理智，让别人痛苦的同时，也让自己加倍地痛苦。

彭筱全身心地爱上了一个已婚男人，这样的恋情自然遭到了父母的强烈反对，但彭筱不惜和父母决裂，离家独居。彭筱从 22 岁等到了 26 岁，在 4 年的美丽青春年华里，她一直等待着男人来风风光光地迎娶自己。

而那个男人呢，许诺的离婚竟遥遥无期，像水中月一样，看得见，却触及不到。朋友都劝彭筱："分了吧，你有多少青春可以这样等待，还要等多久？"她态度坚决地说："不！我要一直等下去。"

渐渐地，彭筱开始变得不平、愤懑、幽怨，她有时会自卑地问朋友们："难道我真的没有他老婆好，不如她漂亮、贤淑？"她有时还会神经质地穿上尽可能夸张的衣服，去酒吧喝个通宵，有时在街上又会突然大哭不止，把路人吓一大跳。

彭筱心情很不好，工作也干不好，她觉得自己的人生一团糟，但是她还是不肯放弃他！

在浪漫的电视剧中，坚持自己所爱是一种感人肺腑的力量，可是平凡如我们，在芸芸众生中，终究要生活，终究要回到现实。对爱过于执着，死守着那份不属于自己的爱情，在折磨自己的同时也是在折磨他人，还有可能错过很多原本属于我们的爱情，从而也阻断了我们追求爱情的路，徒增伤害，我们又何必苦守呢？

人生就是一个迷局，你永远不知道，下一站会是什么，所以当缘尽的时候，我们不要因此而悲伤，要舍得忘情，忘掉和别人曾经的那段缘分，舍得放爱一条生路，放对方一条生路，也给我们自己一条生路，给自己一个寻找真爱的机会，这样我们才能在生活中找到幸福，最终得到爱的真谛。

男孩和女孩是同校校友，一天男孩和女孩告白，女孩仗着自己是学校的才女，且年轻漂亮，根本不把这个男孩放在眼里，很不屑地说："哼，你这样一位毫不起眼的男生凭什么追求我？"

男孩听完后，认真地对女孩儿说："因为我爱你，爱有公平的权利！"女孩冷漠地瞥了一眼男孩，冷冷地说："那你就排队等候吧。"

在一次舞会上，枫向女孩告白了，枫在所有女生的眼里是白马王子，女孩被风度翩翩的枫吸引住了，他们紧紧地拥抱在一起。在人群中的男孩看到了那一幕，默默地走开了，他决定祝福他们。

但是，后来枫去了国外，女孩和她的白马王子并没有走上婚姻的殿堂，女孩再次成为单身。这时候男孩又来到女孩身边，他问："现在轮到我了吗？我一直都在后面排队呢。"女孩很感动，决定嫁给他。

可是就在结婚的那天，女孩逃婚了，给男孩留了封信，说再给她3年时间，她仍忘不掉枫。在后来的3年里，女孩努力地想要忘记枫，也尝试着和另一个男孩谈恋爱。有一天，他们争吵起来，那个男孩居然打了她。她突然明白了谁才是真正爱自己的人，于是她想找开始的男孩，幻想着男孩听到她表白时高兴的模样。

当她来到男孩家的时候，男孩给她开门，身后还站着一个漂亮、清纯的女孩。男孩解释道："这是我女朋友，她来为我过生日。"她大脑里一片空白，于是就对男孩说："我路过这里，顺便来看看你。"

　　男孩送女孩走时，他说："我已经等了你 10 年了，你始终没有给过我确定的答案，你也从没记住过我的生日，我不想再等下去了。我现在的女朋友很好，我觉得和她在一起很幸福，也祝你幸福。"

　　女孩的眼泪忍不住掉了下来，她执着于对枫的感情，把自己困住而不能自拔，不肯给自己一个追求爱情的机会，也不肯给别人一个追求她的机会，结果一个爱了她 10 年的男人，居然让她给错过了。

　　这个女孩正是因为不肯放爱一条生路，执着于过去的爱情上，而错过了一个爱她的人。当她真的想和爱她的人相爱时，男孩已经不再等待这份单方面的感情了。他放弃了这份爱，找到了属于自己的爱。从这一点说，女孩是失败的，男孩则是成功的。

　　在人生中，左边或许是我们放不下的爱，右边或许是我们无法把握的青春。有时候，我们因放不下心中的爱，而忽略了周围的风景，忽略了周围的人。放爱一条生路，让我们去发现属于自己的那份真情吧。

5. 想要爱，请先学会去爱

一个人要想得到爱，首先应该舍得付出自己的爱，因为这样才
能体会到爱一个人的滋味，才能体会到被爱的真实意义。

很多人都想得到爱情的滋润，而不想自己为爱情付出了多少；
他们只想从别人那里索取，只想让别人如何爱自己多一点，却不想
自己如何给别人多一点。毋庸置疑，最终这些人都很难获得完美的
爱情。

从前，有一个书生即将进京赶考，他和未婚妻约定，参加科举
考试回来之后，二人就择日成婚。几个月后，当书生参加考试回
来，他满心欢喜地去找未婚妻商量结婚的日子，可是未婚妻却嫁给
了别人。

书生非常地伤心，他的心灵受到了严重的创伤，终日沉浸
在痛苦之中而不能自拔。时间一长，他的身体吃不消了，于是
便一病不起。家人为他请遍了名医，可是书生的病情却一点也

没有好转。

正在这时，一个僧人路过书生家门口，声称专治一切疑难杂症，于是书生的家人就把那个僧人请到家里，请他为书生看病。僧人既不给书生诊脉，也不下药，而是从怀中拿出一面镜子让他看。

镜子显示，在一片茫茫的大海边，有一具一丝不挂的女尸躺在沙滩上。有很多人路过，但是他们都只是看一眼，很惋惜地走开了。这时又走过来一个人，他不忍心让那具女尸在太阳底下赤身裸体地暴晒，于是就脱下自己的衣服，给女尸盖上，然后也走开了。又过了一会儿，又走过来一个人，他挖了个坑，把那个女尸给掩埋了。

那个僧人说："那具女尸，就是你未婚妻的前世，你是那个将自己衣服给她盖上的人，所以，她今生与你相恋，还你这个人情。而她要报答一生一世的人，是那个前世掩埋她的人，就是她现在的丈夫。"

书生听完恍然大悟。慢慢地，他的精神好了，身体也随之不药而愈。

爱情不是买卖，不是谁付出得少谁就能赚得多，谁付出得多谁就亏得多。爱情是公平的，它就像天平一样，你付出多少，相应地，你就能得到多少，付出得越多，得到的幸福和快乐也就越多。

有一位女孩，她在花园里虔诚地向上帝祷告，希望能够得到上帝的垂怜，希望上帝能够帮她一把。上帝被她的虔诚所感动，终于出现在她的面前。

她对上帝说："仁慈的上帝，请你帮帮我。"

上帝说："孩子，你慢慢说，不要着急。"

女孩说道："有一个男孩在追求我，他很爱我，每天早晨，他都会把一束玫瑰花放在我的门口；到了晚上，他也会来到我的窗前，为我唱歌。可是最近一个多月，他都没有给我送过花，也没有为我唱过歌。其实我非常喜欢他，但是我没有对他表达过我的爱，我怕回应了他之后，他就再也不会用这种方式爱我了。"

上帝听完，把女孩带进了一间小黑屋，并点亮了一盏油灯。女孩很奇怪地问："这和我的困扰有关系吗？"

上帝示意女孩先安静下来，他们静静地看着油灯燃烧，火苗将整个屋子都照得非常明亮，可是慢慢地，火苗越来越小，光线越来越暗。女孩提醒上帝说："该加油了。"可是上帝阻止了女孩，示意女孩别动，任凭灯油烧干，直到最后油灯熄灭。屋子里又暗了下来，只留下一缕青烟。女孩用疑惑的眼神看着上帝。

上帝意味深长地说道："其实，爱情就和这盏油灯一样，当油烧干之后自然就会熄灭。要想让爱情的火焰继续燃烧下去，就必须及时添油。在我们爱情的道路上，不能只知道索取，而不付出。"

爱情是一种相互给予的过程，而不是一味地索取，就像上帝对那个女孩说的那样："爱情就和这盏油灯一样，当油烧干之后自然就会熄灭。要想让爱情的火焰继续燃烧下去，就必须及时添油。在我们爱情的道路上，不能只知道索取，而不付出。"

想得到爱吗？想获得深爱吗？那请你先爱、先深爱吧！

6. 爱是宽容，爱是理解

爱一个人不是看给他多少爱而是看给他多少宽容，我们在爱他优点的同时，也要包容他的缺点。

在生活中，我们对普通朋友或者是陌生人都能够以宽广的胸怀宽恕他们的过错，然而对自己的爱人我们却要求严格，哪怕有一点小错，也会激起轩然大波。或许这就是爱之深责之切，越是在我们亲近的人面前，我们就越不能控制自己吧。

在现实生活中，我们经常能够看到一些女人为男人的过错动怒，有的因为爱人回家抽烟吵架；有的因为爱人挖鼻孔吵架；有的因为爱人不会收拾屋子吵架；有的因为爱人上床前没有洗脚吵架等，闹得天翻地覆，使家庭陷入痛苦的深渊，甚至走上离婚之路。

阿梅和丈夫经营着一家物流公司，丈夫好交友讲义气，且能说会道，经营有方，生意做得不错。但他有一个令阿梅不能容忍的缺点，就是喜欢喝酒，且不胜酒力每饮必醉，两人为此经常闹矛盾。

这天，阿梅去邮局办事情，丈夫说好在家做晚饭。可是，阿梅晚上6点多回到家一看，还是冷锅冷灶，也不见丈夫的影子，打手机去问，说是有一个朋友约他吃饭。阿梅气不打一处来，气愤地挂了电话。

10点左右时，丈夫回来了，喝得有点醉，身上一股酒味。阿梅看见丈夫进门就骂上了："你就知道喝酒，为什么不喝死在外面？"丈夫一听也火了，推了阿梅一把。这一推就好像在阿梅愤怒冒火的心上浇上了汽油，她扑向丈夫，与丈夫扭打在一起……

结果，丈夫的脸被抓得鲜血淋漓，阿梅的腰也扭伤了。后来，两人闹起了离婚。虽然在朋友的劝解下，这场战争好不容易化解了，但是战争的硝烟仍然弥漫在二人的周围，婚姻没有幸福感可言。

　　俗话说，夫妻没有隔夜仇，就算是犯了再大的错误，夫妻之间也应该懂得宽容、原谅对方。妻子阿梅就是因为不能对自己的爱人宽容一点，最终导致了一场夫妻大战，婚姻走向崩溃的边缘。

　　其实，生活中难免会有一些磕磕碰碰，夫妻之间没有什么大不了的事情，也没有什么深仇大恨，又何必因为一点小事情而耿耿于怀，总是生活在不愉快的争吵之中，伤害夫妻之间的感情呢？

　　卓越温文儒雅，邓瑜善解人意，两人还有一个可爱的女儿，三人过着安宁的日子。但是，细心的邓瑜发现最近丈夫有些心不在焉，看自己时眼光也躲躲闪闪，她意识到自己的婚姻出现了问题，是哪里呢？

　　一天，邓瑜洗衣服时，在丈夫的上衣兜里无意中发现了一封信，信是一个女人写来的："几年过去了，我很后悔当初和你分手，这几年我根本无法爱上别人。你在我心中的地位，没有人可以取代。现在我觉得两人距离再远也没有问题，我不管你有没有结婚，我要去找你……"落款为"乔"。

　　通过和卓越的好朋友打听，邓瑜了解到丈夫在大学里曾经和乔有过一段刻骨铭心的恋情。两人曾是大学里令人羡慕的一对，很多同学都以为他们会喜结连理，但毕业后两人无法在同一个城市工作，乔终因地理原因，提出结束他们的感情。

知道了丈夫的这些秘密之后，邓瑜哭了。去责骂他吗？可是她明明看到了丈夫的矛盾和挣扎。该去咒骂乔吗？她爱了老公这么久，一直未嫁也挺感人的，或许她根本不知道丈夫现在结婚了，而且过得很幸福。再三思虑后，邓瑜没有吵，也没有闹，反而对丈夫比以前更加体贴、更加温柔。

几天后，当邓瑜下班回到家时，看到了找上门的乔。她没有冷待乔，而是热情招待，为她准备了一桌丰盛的晚餐，席间还对她问寒问暖，谈自己现在幸福的家庭。饭后，邓瑜还借口要带女儿出去散步，给这对旧恋人机会交谈。

望着妻子疲倦的面容，想起妻子平日的种种，卓越感动了，他对待乔始终像一个老朋友，还不时夸赞邓瑜几句。乔知道了卓越的心意，告别时，她真诚地说："我祝福你，你有一个好妻子。"

面对丈夫昔日的恋人，邓瑜表现出了宽容、理解的态度，不但没有使他们的家庭受到任何的影响，反而让丈夫进一步认识了她，更感激她，他们的夫妻关系进一步得到了升华。她实在是一位聪明的女性。

其实，夫妻生活并不像谈恋爱时那么甜甜蜜蜜，那么轰轰烈烈，一切都归于生活的油盐米醋茶。有时候就是需要我们对彼此拿出一点宽容和理解，不要为一些小事而斤斤计较，不要因为一时的愤怒而争吵。

我们要懂得"舍得"二字，对待自己的爱人，多一些宽容，少一些计较，多一些善解人意，少一些睚眦必报，这才是正确对待一段感情的态度。如此，我们才会拥有快乐幸福的婚姻、美满如意的生活。

第五章

自私之累

舍不得分享就得不到馈赠

对别人好实际上就是对我们自己好。当给别人送去
温暖的时候，我们的内心也同时充满了阳光。

1. 送人玫瑰，手有余香

送人玫瑰，手有余香。帮助别人，也就是在帮助自己。

有人说："让自己获得更多朋友，唯一的方法就是去帮助别人，帮助别人解疑答惑，也能丰富自己的知识；帮助别人扫去门前雪，自己前方的路也会更宽广、更平坦；帮助别人摆脱人生的困难，当自己在遇到困难的时候，就会有人帮助你。"

的确，生活就像一面镜子，你对它笑，它就会对你笑；你对它哭，它就会对你哭。在生活中，帮助别人是获得朋友的最好方法。只有帮助了别人，自己的朋友之路才会越来越宽广，帮助别人等于成就自己。

人们都说："乐于助人的人上天堂，经常害人的人下地狱。"其实，天堂和地狱并没有什么大的区别，并不是因为天堂有多么的美好和幸福，问题的关键是那里的人们是否懂得并愿意帮助别人。

一个叫张五的人整天冥思苦想："为什么会有天堂和地狱的区别呢？为什么好心人上天堂，心肠不好的人下地狱呢？"他百思不得其解，于是他去找上帝，希望上帝能够帮他解除心中的疑惑。

上帝说："好吧，我现在就让你见识见识天堂和地狱的区别。"

上帝带着张五先来到了天堂。这里鸟语花香，气候宜人，灵魂们个个脸色红润，身体健康，如仙人一般。

"看他们的生活真是舒服，他们平时都是吃什么食物呢？"张五好奇地问上帝。

上帝说："食物并没有什么特别之处，不同的是他们互相帮助，因此丰衣足食、皆大欢喜。你看！"

顺着上帝指的方向看去，张五见一群灵魂正在一个巨大的锅旁吃饭，他们的手上拿着一把长达三尺的木勺，他们把盛上食物的勺子送到对面人的口中。吃饱了以后，他们载歌载舞，非常高兴。

后来，上帝又带张五来到了地狱。刚到地狱，张五就感觉到浑身冷得瑟瑟发抖，地狱中寒气逼人，而且到处都是骨瘦如柴、饱受饥饿的灵魂。

"为什么他们都这么瘦呢，好像一副没吃饱的样子？"张五有些害怕地问上帝。

"你看那边！"上帝说。

此时，那些灵魂都围在一个巨大的锅旁，他们手上同样都有一把长达三尺的木勺，他们争先恐后地吃着。但由于被长勺所约束，他们很难将食物送进口，所以吃到口里的远没有掉到地上的多，看上去悲惨极了。

这时候，上帝说："天堂和地狱的待遇是一样的，天堂的人懂得互相帮助，所以他们有很多的朋友，他们很快乐。而地狱的人，他们不想帮助别人，最终他们什么也吃不到，所以他们才会活得如此悲惨。"

顿时，张五明白了天堂和地狱的区别所在。

是啊，天堂里的人之所以快乐，是因为他们懂得互相帮助，他们帮助别人的同时也得到了别人的帮助，所以他们才会有那么多的朋友，才会快乐地生活着。而地狱里的人之所以悲惨，是因为他们不想帮助别人，所以他们也得不到别人的帮助，孤独悲惨地生活着，这就是天堂和地狱的区别。

人与人之间的交往，本身就是互惠互利的。你对别人好，将心比心，别人也会对你好。你帮助别人，别人也会找机会帮助你。因此，我们要想获得别人的认可和帮助，享受到天堂般的快乐，前提必须是自己先去帮助他人。

维多利亚女王外出办了一些事情，现在她和几百位乘客乘坐着一列火车，火车在夜雾中驶向伦敦。突然，火车司机看见路边有一个黑影急速挥动着双臂，他立即请助手将这一情况汇报给女王。

女王虽然很着急回家，但她还是看了看窗外，毫不犹豫地对助手说："现在这么晚了，天气又很糟糕，那人一定是有急事需要救助，你去请司机停车，然后你再下车去问问那个人遇到了什么困难，看看我们是否能够帮助他。"

火车停稳后，助手急忙下了车，却不见刚刚挥手的那个人。他继续往前走，眼前的景象令他大吃一惊，前方的桥梁被水冲塌了。而火车前灯的玻璃罩外，有一只大飞蛾已僵死，双翅伸展着。

原来，在火车快要行驶到断桥的前几分钟，那只大飞蛾冲向车灯，落在了灯罩上。受伤的飞蛾的翅膀仍不断舞动，垂死挣扎。从司机的视角看去，很像是有个人在挥动着双臂。因为女王舍一己之私只想帮助别人，才使大家躲过了这场灾祸。

正是因为维多利亚女王让司机停了火车，让助手去寻找"晃臂求助"的人，最终使得大家躲过了这场灾祸。如果女王默然视之，不予理睬，司机就不会停车，大家很可能会遇难。

富兰克林曾经说过："要想让别人对你好，你必须得对别人好，其实你在对别人好的同时，就是在对自己好；当你为别人着想的同时，也在为自己着想；当你在救助别人的同时，也在救助自己。"

在交往的过程中，学着主动帮助别人吧！只有首先舍得一己之私而帮助别人，我们才能得到别人的帮助。我们在帮助别人的时候，自己不仅没有受到损失，而且还得到了朋友，得到了友谊，何乐而不为呢？

2. 送出赞美，暖人心房

赞美，是对对方优良品质、能力和行为的一种肯定。赞美犹如一泓甘甜的清泉，可以快速地给别人的心灵带来生机感、新鲜感。

要想使别人喜欢你，自己首先要多喜欢别人一点。要想和别人交朋友，就必须要先发出友好的善意。赞美是让对方感受善意最好的途径。只有我们付出真诚的赞美，才会拉近和别人的距离，才有可能和别人成为朋友。

最近，美国费城电力公司的推销员卡连·韦伯遇到了一个棘手的客户。尽管他多次拜访过这位名叫米卡的农场主，但每一次都没有进展。这一次，他又来拜访米卡了。

米卡看到卡连·韦伯朝自己走过来，便返回家中，准备把门关上。卡连·韦伯灵机一动，制止道："太太，请听我说。很抱歉，我又来打扰您了。不过，我这次不是来推销电的。"

米卡半掩着门，探出头来将信将疑地望着卡连·韦伯。

卡连·韦伯继续说道："我看见您喂的种鸡很漂亮，想买一打新鲜的鸡蛋回城做蛋糕。"

米卡把门稍微开大了一些，警觉地问道："城市里面又不是没有鸡蛋，你为什么跑这么远来乡下买鸡蛋？"

卡连·韦伯充满诚意地说："是的，我也想省事在城里就近买鸡蛋，但是我太太听我说你这里有棕色的鸡蛋，她就要我来买你这里的棕色鸡蛋，她说棕色的鸡蛋做的蛋糕好吃。"

既然对方是自己的顾客，米卡就走出了门口，态度温和地和卡连·韦伯聊起了鸡蛋的事。

这时，卡连·韦伯指着院子里的牛棚说："太太，我敢打赌，你丈夫养的牛赶不上你养鸡赚钱多。"

米卡被说乐了，她高兴地说："是的，多少年来，我丈夫总不承认这个事实。"高兴之余，她便将卡连·韦伯视为了朋友，并带他到自己的鸡舍参观。

卡连·韦伯一边参观鸡舍，一边称赞米卡太太的优秀，并顺势说道："如果能用电灯照射的话，鸡产的蛋会更多。"

米卡早已经笑得合不拢嘴了，现在她好像忘记了以前拒绝卡连·韦伯的事情，而是饶有兴趣地问卡连·韦伯自己用电养鸡是否合算。当得到了肯定的答复后，她终于同意使用卡连·韦伯公司的供电了。

赞美传达的是善心和好意，传递的是信任和情感，赞美别人可以让对方的内心和我们贴得更近，让彼此隔阂的心墙顿时瓦解，以四两拨千斤的方式博得别人的欢心。如果你想赢得别人的好感和认可，就要学会送出赞美给别人。

事例中，卡连·韦伯用买鸡蛋的托词，和米卡太太说了一些家常话，并适时地称赞了对方，打开了对方的心扉。然后他又很自然地扯到了用电问题，最终敲开了米卡太太的心扉，达到了目的，可以说是天衣无缝。

马克·吐温曾经说过："只凭一句赞美的话，我就可以活上两个月。"虽然这有些夸张，但这就是赞美的力量！如果你能够时常赞美别人，你一定会博得别人的好感和信任，使交际变得愉快而简单。

赞美并不一定需要显著的成绩，在日常生活中成绩显著的人也并不多见。所以，我们不要总是盯着别人的缺点不放，要学会欣赏别人的长处，肯定别人的长处，哪怕是微小的长处，并不失时机地予以赞美。

我们每一个人都会有值得别人肯定的地方，正所谓，尺有所短，寸有所长。用心去发现别人的优点，然后赞美别人，你会发现，当别人听到你赞美他们的时候，你受到的会是不一样的待遇。

当然，能引起对方好感的赞美只能是那些基于事实、发自内心的夸奖，若严重脱离现实，就会让人觉得你很虚伪而产生反感。比如，一个人自知自己身材很不好，你却违心地夸他身材好，那他会以为你是在嘲笑他，你只会自讨没趣。

另外，赞美并不一定仅局限于一些固定的词语，见人就说好。有时候，可以借助于身体语言，比如投以赞许的目光、做一个夸奖的手势或送一个友好的微笑等，这些都能够让对方由衷地感受到你对他真诚的赞美，并对你产生好感！

大方地送出赞美吧！相信你的朋友会越来越多！

3.学会分享，独乐乐不如众乐乐

独乐乐不如众乐乐，与其费尽心思地让自己强大，还不如学会
与人分享。

我们每个人都需要分享、都离不开分享，即使自己一无所有。

黛比今年已经五十多岁了，可是最近她身心备受打击，倒霉的
事情接踵而至，丈夫刚去世不久，儿子又坠机身亡。一连串的打击
让她的心都碎了，她觉得自己什么都没有了，每天都郁郁寡欢，躲
在家里不肯出来。久而久之，她便得了抑郁症，甚至想自杀，去陪
伴自己的丈夫和儿子。

就在黛比自杀，已经奄奄一息的时候，被邻居发现了，并将她
及时送到了医院。主治医生将黛比抢救了过来，并对她说："虽然
你现在失去了丈夫和儿子，但你其实很富有，不如学着和别人分享
自己的东西。你连死都不怕，还怕什么呢，还怕失去什么呢？就当
为在天堂的丈夫和儿子积德。"

"可是，我什么都没有，"黛比心想，"我没有亲人，没有金钱，没有健康，没有快乐，能拿什么给别人呢？"不过她还是听从了医生的话，她冥思苦想，像自己这样一大把年纪的女人，还能干什么呢？

终于，黛比想到了一个好主意。她喜欢养花，自从丈夫和儿子去世后，她也没心思种花了，后来，花园就荒废了。于是，她开始种花。在她的精心照料下，很快她的花园就成了花的海洋，只要走过的人都会为这片美景而陶醉。

黛比的心情好了许多，但她觉得还不够，于是她把这些花送给附近医院里的病人，帮他们把花插在床头的花瓶里，花香充满了整个病房。病人看到了黛比送的鲜花都非常地高兴，身体康复得也更快了。

后来，这些病人康复出院后，都纷纷给黛比写信和邮寄卡片。这些充满爱意的感谢信和卡片让黛比的心暖暖的，让她不再那么孤独和寂寞。久而久之，她的忧郁症竟不药而愈，她重新获得了人生的喜悦。

其实生活就是这样，即使自己一无所有，也试着给别人分享一些。久而久之，你会发现，在给予别人的同时，自己也会收获颇多，自己才是最终的受益者。

分享，是一个心态开放、思想解放、智慧绽放的过程，是尊重与合作，不断改革、不断创新的过程。只有分享，你才能够越来越强，把周围的人吸引到自己身边来。

在生活中，几乎每一个人都有过这样的体会：当独自研究一个问题时，可能思考了五次，还是同一个思考模式。如果拿到集体中去研究，从他人的发言中，也许一次就可以完成自己五次才能完成的思考，并且他人的想法还会使自己产生新的联想。

不仅是我们个人，公司也应该学会分享。仔细观察微软、英特尔等商业巨头，你会发现，他们的成功都是因为善于分享。

以微软来说，视窗操作系统的火爆让微软大赚了一笔之后，微软总裁比尔·盖茨并没有"私藏"这项技术，而是与所有硬件厂商和软件厂商分享着视窗操作系统火爆的商机。现在，很多硬件厂商的产品都支持微软的所有操作系统和软件，所有的软件厂商的产品也都能在微软的操作系统中运行。正是因为这种分享，微软才能称霸全球操作系统市场。

试想，如果比尔·盖茨气量狭小，不把火爆的操作系统市场与硬件厂商和软件厂商分享，仅凭一己之力，微软能够有今天的辉煌吗？恐怕他会成为众多人眼中的"吝啬鬼"，以至留不住优秀人才，抵抗不住竞争对手的压迫！

你把你的给我，我把我的给你，在这样互相舍弃、互受其利的过程中，我们不但能够赢得别人的好感和感激，使别人愿意和我们成为朋友，友谊之路越来越宽广，而且还能成就自己辉煌的事业，进而成为众人眼中的焦点。

4. 尊重别人，获得尊重

在每个人的内心深处，最渴望得到的就是别人的尊重。在现实生活中，人们总是要求别人多尊重自己一点。殊不知，我们获得别人尊重最好的办法就是要尊重别人。

人和人之间的相处是相互的，你希望别人怎么对待你，那么你就应该怎么对待别人；你要想别人尊重你，首先你必须得尊重别人，自己不尊重别人就想获得别人的尊重这是不可能的，甚至会遭人厌烦，逐渐失去朋友。

东汉末年的杨修是个文学家，他才思敏捷，灵巧机智，是曹操的谋士，官居主簿，典领文书，办理事务。但他却因恃才傲物，无所顾忌，数犯曹操之忌，招来了杀身之祸。

曹操欲建造花园，动工前审阅设计图纸时，他在园门上写了一个"活"字，本是有意和工匠们斗智，而杨修却自作聪明地揭破谜底，还四处张扬说："丞相嫌园门设计得太大了。"这委实是不知趣。

曹操为了考考周围文臣武将的才智，在塞北送来的一盒奶酪盒上竖着写了"一合酥"三个字。杨修把曹操的"一合酥"给大臣们分吃了，还从容地回答："盒上明明写着'一人一口酥'，我等岂敢违丞相之命乎？"曹操虽然面上嬉笑，而心头却很忌妒杨修。

又过了几年，一次曹操和杨修讨论一些问题，二人共同想，杨修想了一会儿，就想了出来，他刚要说，却被曹操制止住了，曹操要自己想。转眼间他们行了十里，可是曹操还是没有想出来，又说下马步行继续想，可又走了十里，曹操还是没想出来。杨修不耐烦了，他不愿意再走了，骑着马和步行的曹操又并行了十里。后来，杨修和别人说："曹丞相低我三十里。"这让曹操大为恼火。

后来，曹操平汉中时，连吃败仗，欲进兵，怕马超据守，欲收兵，又恐蜀兵耻笑，心中犹豫不决。夜间巡营的将领来向曹操请示口令。适逢庖官进鸡汤，他就随口说了一句"鸡肋"。将士们都不知道是什么意思，只有杨修马上开始收拾行李，并对别人说："魏王今进不能胜，退恐人笑，在此无益，不如早归。"

一直以来，曹操就恨杨修恃才放旷，而且干预立嗣，问以军国之事，今见杨修又猜透了自己的心事，便恼羞成怒，命人以扰乱军心的名义把杨修杀了。

因杀杨修，曹操背了千载"嫉贤妒能"的恶名，但是，当我们在怪曹操忌妒心太重的时候，是不是应该想一想杨修真正的死因是他太过傲慢、不尊重曹操呢？曹操当时身为丞相，一人之下万人之上，连皇帝都让他三分，可杨修却不把他放在眼里，不懂得尊重他，可谓咎由自取。

如今，平等和尊重已经成为人际交往的重点，就更需要我们懂得尊重别人。上帝也许给了你美貌，给了你地位，但这并不能成为你不尊重别人的借口，否则只会自取其辱，招致别人的反感，让自己难以下台。

尊重别人是一种美德，是一种良好修养的表现。综观那些受人欢迎的人，无一不是尊重别人的人，他们谦虚、和善、大度，可以赢造友好的氛围。与这样的人交往时，人人都会感到非常快乐和满足。

学会尊重就能赢得别人的尊重，既保住了双方的面子，又能让大家更和睦地相处。相反，如果大家都不懂得尊重别人，那么我们岂不是每天都生活在争吵之中？你对我冷嘲热讽，我对你横加指责，那么人和人之间又怎么相处呢？

一次，小马和小张出差，在吃早饭的时候，小张想出去买份报纸。过了一会儿，小张空手而归，而且他还气急败坏地开始骂街。

小马问道："怎么了，什么事情让你这么生气？"

小张说："我去买报纸的时候，递给那个卖报纸的一百块钱叫他找钱，谁想那个家伙接下来不是找钱，而是把报纸从我腋下直接给抽走了。我正纳闷呢，他却说，他做的是生意，不是换零钱的。"

就在小张还在数落卖报纸的人傲慢无礼的时候，小马已横穿马路去报亭那儿一探究竟。他走上前去，和和气气地说："先生，您能不能帮我个忙，我想买份报纸。我现在只有一张一百块的钞票破不开，我在这儿人生地不熟的，该怎么办呢？"

谁知，那个卖报纸的人毫不犹豫地把一份报纸塞给小马，并对小马说："没事，你先拿去看，有零钱了就给，没有就算了。"

小马拿着报纸给小张看，也给小张上了一堂为人处世的课。

我们对别人付出多少，相应地，我们就能收获多少。当我们对别人多一分尊重的时候，别人对我们的尊重也会增长一分。就像小张和小马一样，小张不懂得尊重别人，结果也受到了别人的无礼对待。相反，小马对人多一份尊敬，相应地，那个卖报纸的人也对小马非常的尊敬。

在人际交往过程中，尊重你身边的每一个人吧。尊重别人并不意味着就低人一等，我们也不会损失什么，而是能够换来别人的尊重，赢得良好的口碑和人缘，也就能够与更多的人和睦相处了。

5. 播种善良，得到善良的回赠

　　人人都喜欢善良、欢迎善良、向往善良。只有善良才会有幸福，只有心存善良才能与人和平、愉快地相处。

　　"人之初，性本善"，善良是做人最基本的品质，是这个世界上最美好的情操，是人类先天存在的崇高的根基。法国作家雨果说得好："善良是历史中稀有的珍珠，善良的人几乎优于伟大的人。"

　　如果你希望受到众人的欢迎，如果你希望别人善良地对待自己，那么请你不要吝啬自己的善良，善良地对待别人。

　　俗话说得好："种瓜得瓜，种豆得豆。"我们在"播种"善良的同时，也会收到善良的回赠。即使当时我们不会得到回赠，善良也会以另一种方式出现在以后的岁月中，让你收获颇多。

　　在一个又冷又黑的夜晚，一位老人的汽车在郊区的道路上抛锚了。过了很久才有一辆车经过，开车的男子二话没说便下车帮忙。

过了一会儿，车修好了，老人坚持要付些钱作为报酬。

男子摆摆手谢绝了他的好意，并温和地说："老人家，您不需要给我什么钱，我这么做是应该的。"见老人一再坚持，男人说："感谢您的深情厚谊，但我想还有更多的人比我更需要钱，您不妨把钱给比我更需要的人。"然后，他们便各自上路了。

老人又冷又饿，便来到了一家面馆。一位身怀六甲的女招待立刻为他送上一碗热腾腾的面，并关切地问道："先生，欢迎您光临，为什么这么晚了您还在赶路？"

老人讲了汽车抛锚的事情，并把男子救助自己的事也告诉了这位女招待："这样的好人现在真难得，我真幸运碰到这样的好人。"说完，老人一边吃面，一边又问女招待，"你怎么工作到这么晚？你肚子里面的宝宝怎么办？"

女招待无奈地笑了笑说："为了迎接孩子的出世，我需要第二份薪水。不过，没有关系，我的身体还可以吃得消。"

老人听后拿出两百美元给女招待当小费，女招待执意不收，但老人坚决地说："你比我更需要它，就当我送给宝宝的礼物。"

女招待只好收下了。回到家，她将老人的事情告诉了丈夫，丈夫大感诧异："世界上怎么会有这么巧的事，我就是那个修车的人。"

善良是人类温情的源泉。善良可以关爱别人，同时也善待自己。善良可以理解别人，同时也解脱自己；善良可以帮助别人，默默无闻奉献自己；善良不需开出美丽的花，但能结出丰硕的果实。

约翰是一名偷盗技术无人能比的小偷，在几年偷盗的生涯中，没有他进不去的屋子，他也从来没有失过手。一天他从朋友那里得知，小镇教堂对面的那条街的中间，有一户人家中有几万美元的现金，他决定好好地捞一把。

一天晚上，约翰带上了他的宝贝万能箱朝教堂对面的那条街走去。很奇怪，整条街都是漆黑的，只有街心有户人家亮了门灯，而且这家就是他所要找的那户人家。因为事先得知，这家养了一条很凶的大黑狗，约翰就先往院子里扔了几个放了迷药的肉包子。

待确信大黑狗已经被迷晕后，约翰很利索地翻进了院子，熟练地打开了房门，并且顺利地拿到了钱，确确实实是几万美金。拿到了钱，约翰正准备离开，突然听到老两口在谈话，他好奇地把耳朵贴在了墙上。

"老头子，咱们两人的眼睛都瞎了，总这样过下去，也不是个办法啊！咱们是不是该花钱请一个保姆啊！"屋子里传出一个苍老女人的声音。既然是瞎子，又为何整夜亮着门灯？这引起了约翰的兴趣。

"是啊！老婆子，可是，咱们现在连日子都不好过了，哪来的钱请保姆呢？儿子遭遇空难后航空公司赔的那几万美金，咱们不能用呀。"一个老年男人紧跟着回答。约翰的心一沉，继续听下去。

"是啊！你看我这记性，我们说好用这些钱给镇子里的孤儿们盖房子的，我都给忘了。老喽，不中用了。可是，咱们也得花钱交电费啊！门口的灯整夜亮着，很耗电啊！还有咱们的大黑狗，它每天都要吃骨头。"女人忧心忡忡地说道。

男人叹了一口气，平静地说道："你也知道，这条街的路很难走的，要是夜里，万一行人跌了跤怎么办？咱们亮着灯，别人在这条街上走路就不用摸黑了。有了大黑狗，行人就不用担心这条街有强盗了啊！没关系，只要咱们每天多糊两个小时的纸盒就行了，这日子还是能过的啊！"

约翰的心一震，用牙齿咬了咬嘴唇。

"是啊！也只好这样了，谁让咱们年轻那会儿只抱养了一个儿子呢！早知道今天，还不如当初从孤儿院多抱养一个呢！"老妇人抱怨道。

"不要想了，睡吧，睡吧，咱们明天还要起早糊纸盒呢。"男人说完，老妇人也不再说话了，屋子里安静了下来。

约翰也是孤儿，他是逼不得已才干上了这行，他坐在门口流了一夜的泪。第二天早上，老夫妇的门口留下两样东西，一样是他们的几万美金，另一样则是一个很小巧、很别致的万能箱。从此，这个小镇上就再也没有人看见过约翰了。

每个人都是善良的，即使是无恶不作的坏人也会有动恻隐之心的时候。约翰虽说是一个小偷，但他的心灵是纯洁的、善良的。在不经意间，他心中那根"善良"的弦被悄悄地触动了，从而促使他战胜了邪恶。

一个小小的善举就如同在人间开出了一朵美丽的花儿，善良会随着花的芬芳散发出去，惠及身边的每一个角落。小小的善举不过是举手之劳，却能给予别人温暖和感动，让我们收获到真情，何乐而不为呢？

6. 与人方便，与己方便

路径窄处，留一步与人行；滋味浓时，减三分让人食，与人方便，与己方便。

在每个人的人生道路上，不可能事事如愿，我们总是要经历各种不如意。在别人遇到不如意的时候，千万不要过于自私，伸手帮人一把，也许一时的援手能换来一生一世的朋友，会让人终生受用。

年轻时，李海是一个穷困潦倒的学生，为了能够凑齐学费，他找了一份周末的兼职，开始挨家挨户地推销产品。奔波了一天，他一件产品也没有销售出去，又遇到了大雨，他只好在一家酒楼的檐下躲雨。

此时已经是傍晚，李海饥肠辘辘，又冻得浑身哆嗦，他从怀里掏出了早上从家里带出来的冷馒头，吃了起来。转过脸，隔了酒楼的玻璃窗，他望着里面蒸腾的热气和温暖，还有一些人正在悠闲地吃饭。

"现在若是有一杯热热的茶喝，该有多好啊。"李海在心里想，但是他很快就笑着对自己摇头，"唉，我这么穷、这么脏，怎么可以有那样的奢望呢？还是等着雨停了，赶紧回家喝一碗热水吧。"

这时，酒楼的门忽然开了，从里面走出一位女服务员，她径直走到李海跟前，彬彬有礼地说："小弟弟，外面雨大，天气又凉，您到我们的酒楼坐一会儿，暖和一下吧。"李海暗地里想："哼！想宰我？我才不进去呢。"但是，他转念又一想，自己除了身上的破衣裳，什么也没有，看她还能宰自己什么，便跟进去了。

服务员把李海引到一张椅子上坐定，端来一杯温茶水，微笑着说："快点喝吧。"李海不知道这个服务员葫芦里卖的什么药，心想，既来之，则安之，便毫不客气地端起茶杯，把一杯水喝得干干净净，顿时他觉得身上暖暖的，舒坦极了。雨停了，李海以为那位服务员会来收钱的，但是没有人来问他，他便问道："茶水不收钱吗？"

服务员微笑着说："不用了，我请你。"

李海非常感激地说："请接受我由衷的感谢。"说完他就离开了。

经过几年的寒窗苦读，李海终于学有所成，成为一名有名的主治医师。有一次，他们医院接收了一个重病患者。李海听说这位患者一直在用顽强的毅力与病魔作斗争，于是他被患者的这种顽强的信念所打动，他决定亲自去看望这位患者。

来到病房时，患者正在睡觉，但李海还是看出来了，患者就是当初带自己进酒店的那位服务员，他暗下决心，无论如何也要治好她的病！经过医生多次会诊，他们终于找到了治疗姑娘疾病的有效方法。手术非常顺利，姑娘得救了。

当姑娘拿到医药费通知单时，她不敢打开，因为她的病已经花掉了家里所有的积蓄，她不知道高额的手术费将给她的家庭带来多么沉重的负担。当她鼓足勇气打开通知单的时候，她看到上面写着："医药费是一杯温茶水。"

故事中，世界的美好、人间的温情摇曳和放大在一杯免费的温茶水之中。不要吝惜自己的情感，不要浪费手中多余的东西，一杯温茶水看似平凡，却因为与人方便，暖透了心灵，贵比千金。

就像这位姑娘一样，要不是因为当初她在李海最需要帮助的时候，及时伸出援手，为李海提供方便，她又怎么能够死里逃生，又怎么能够让主治医师心甘情愿地给自己付那么高额的手术费呢？

我们付出多少，相应地就能回报多少。如果我们总是能够设身处地地为别人着想，为别人提供方便，那么别人也会对我们慷慨大方，也会设身处地地为我们着想。当我们遇到难处的时候，别人也会为我们提供方便。

就像姜太公曾经说过的那样："天下不是一个人的天下，而是天下人的天下。与人同病相救，同情相成，同恶相助，同好相趋。所以没有用兵而能取胜，没有冲锋而能进攻，没有战壕而能防守。"意思就是，要告诫我们爱人就是爱己，利人就是利己，助人就是助己，方便别人就是方便自己。

懂得"舍得"二字，在现实的交际过程中，学会舍得为别人提供方便，设身处地地为别人着想，为别人敞开方便之门吧。因为当你为别人敞开方便之门的时候，也就为自己敞开了方便之门。

第六章

狭隘之累

舍不得宽恕就得不到宽心

天空因为能宽容每一片云彩，所以才能够广阔无比；高山因为能宽容每一块岩石，所以才能成就雄伟壮观；大海因为能宽容每一朵浪花，所以才能让自己浩瀚无际。人要是能够宽容身边每一个人，那么你距离成功就不远了。

1. 包容别人的缺点

"金无足赤，人无完人"，每个人都会有各种各样的缺点和不足。当我们在和别人交往的时候，不能总是盯着别人的缺点不放，而要学会睁一只眼闭一只眼。

友谊是在对彼此欣赏的基础之上建立起来的，当我们在欣赏别人优点的同时，也要包容别人的缺点和不足，你会发现每个人都是优秀的人，这样别人才愿意和你做朋友，我们的友谊之花才会常开不谢。

如果你对别人的缺点过于计较，就像拿着放大镜一样，紧盯着别人的缺点不放，你总会觉得别人有这样或那样的不足，而你也将失去别人对自己的好感，如此也就没有人肯和你做朋友了。

在大森林里，许多小动物都要毕业了，小兔子也是一样。不过小兔子还有一门功课的考试没有完成，考试的题目就是要它找一个朋友。小兔子心想："不就是找个朋友嘛，这还难得住我啊，看我的。"

于是，小兔子开始为了完成考试任务而东奔西走。它在池塘边遇到了小乌龟，小乌龟正在和小伙伴们玩"捉迷藏"游戏，于是它邀请小兔子和它们一起玩。小兔子心想，它们爬得那么慢，跟它们在一起肯定会很麻烦。于是小兔子说："我还有事要办，你们玩吧。"说完它就走了。

它继续往前走，来到了一片桃树林。它正在桃树底下想该找谁做朋友，只听见"嗖"的一声，一个大桃子砸在它的头上，疼得它大叫起来："是谁啊，是谁乱扔桃子砸了我的头？"小猴子爬了出来说："是我，和我一起玩吧。"说着又丢给小兔子一个桃子。小兔子想，小猴子虽然不像乌龟那么慢吞吞的，但是它太调皮了，又爱捉弄人，于是小兔子又跑开了。

后来，小兔子又遇到了长颈鹿、青蛙、河马，它们都邀请小兔子和它们做朋友，可是都被小兔子一一拒绝了，它不是嫌它们有这个缺点就嫌它们有那个缺点。时间过得很快，最终小兔子一个朋友也没找到。

小兔子垂头丧气地回来了，熊老师问它说："是不是没找到朋友啊？"小兔子点了点头，把事情的经过和熊老师说了一遍。熊老师说："这就是你的不对了，找朋友就是要用欣赏的眼光去寻找，不能总盯着别人的缺点不放，我们应该善于欣赏别人的优点。在世界上没有十全十美的人，每个人都会有缺点。可是我们不能因为它们有缺点就不和它们交朋友啊？你想想是不是这样？"

听完熊老师的话，小兔子羞愧地低下了头，心想："要是我能多一些宽容，今天遇到的那些动物都可以和我成为朋友。"

小兔子就是因为心中没有宽容，总盯着别人的缺点不放，对别人的缺点过于计较，才会没有交到任何朋友。如果我们总是放大别人的缺点，看别人就会越看越不顺眼，就会对别人越来越挑剔，让自己看起来越来越自大，那么我们还会有朋友吗？

因此，不要放大别人的缺点，对其睁一只眼闭一只眼吧。其实，只要我们的朋友有值得欣赏的地方，我们就应该包容他们的缺点，和他们成为朋友，这也是我们在交际过程中的首要原则。

电影《玛丽和马克思》讲述的是笔友之间二十多年友情的故事。在这部充满温情的电影里，我们或许可以学会如何对待朋友的缺点。

澳大利亚女孩玛丽不爱与人说话，遭到了朋友们的孤立。而她的父母又只是各自忙着自己的事情对她不理不睬，导致她成为一个孤独的小孩。一次跟着妈妈去过邮局后，玛丽决定交笔友。

马克思收到了玛丽的来信，很快两人就成为了好朋友，通过信件互相倾诉。在马克思的开导下，玛丽渐渐开朗起来，在大学取得了优异成绩，同时她终于向自己一直暗恋的邻居表白并结婚，生活越来越好。与此同时，通过长时间的通信，玛丽了解到马克思因为童年阴影及精神因素性格孤僻。为了求名，她以马克思作为精神病案例出版了一本新书，并取得很大成功。她将新书寄给马克思，希望能治好他。马克思觉得自己受了玛丽的欺骗，十分愤怒地和她绝交了。

玛丽没有想到自己居然给朋友带来了这么大的伤害，她将自己的著作全部销毁后，整天只是浑浑噩噩地等着马克思的再次来信，就在她对这份友情完全失去了希望，准备了断自己时，马克思终于来信了：

"我之所以原谅你，是因为你不是完人。你并不完美，如我一样。人无完人，每个人都有自己的缺点，而且别人的缺点我们无法选择，但是我们应该去包容他，可以选择自己的朋友。很高兴我选择了你。你是我最好的朋友……"

在生活中，我们发现一个人的缺点很容易，然而让我们包容一个人的缺点却很难。但是，正如马克思所说，每个人都有自己的缺点，别人的缺点我们无法选择，但是我们可以选择自己的朋友。

做人就应该这样，欣赏朋友的优点，包容朋友的缺点。

上帝赐予我们两只眼睛，一只用来审视自己，看清自己的缺点，努力克服自己的错误，而另一只眼睛用来欣赏别人，看到别人的闪光点，而不是缺点和不足。因为只有这样，我们才能接纳别人、走进别人，交际范围才会越来越广。

2. 宽容能使对手变成朋友

宽容是一种胸襟，心胸宽广的人，能容常人所不能容之事。他们具有一种高尚的境界，就像雨果曾说过："世界上最宽阔的是海洋，比海洋还宽阔的是天空，比天空还宽阔的是人的胸襟。"

大海因宽容而成就自己的浩瀚，天空因宽容世间万物而成就自己的辽阔，人也应因宽容别人的错误而让自己的心胸更为宽广。一个人如果能够对对手也宽容以待，那么对手就有可能不再是对手，甚至变成你的朋友，如此还愁人际关系不好吗？

美国伟大的总统林肯在竞选总统时，曾经有一个参议员羞辱他说："林肯先生，在你演讲之前，我还是要提醒你一下，你只不过是一个鞋匠的儿子。"面对这位议员的嘲讽，林肯并没有和他计较，而是以宽广的胸怀包容了他。他友善地对那位议员说："非常感谢你，是你让我记起了我的父亲，不过他现在已经过世了。虽然我做鞋的手艺没有我父亲的好，但是我一定会努力把总统做得像我父亲把鞋做得一样好。"那位议员被林肯的慷慨陈词说得哑口无言。

　　林肯还对那个议员说："据我所知，我的父亲生前为你的家人做过鞋子，如果你觉得不合脚我可以帮你改正。在座的任何人，如果谁脚底下的鞋是我父亲生前所做，要是觉得不合脚的话，都可以来找我修正。"

　　后来，林肯居然还任命那位傲慢的议员为财政部长。当时有很多人都不能理解，他们批评林肯说："他是我们的政敌，你为什么要试图把他变成朋友呢？你应该想办法打压他，消灭他才对。"

　　林肯却说："我把他变成朋友，不就是在消灭敌人吗？他就不再是我们的敌人了，敌人不也就被消灭了吗？"事实证明，这位议员是一个大能人，他为国家以及林肯做了不少的事情，还成为了林肯的得力助手。

　　面对攻击自己、羞辱自己的政敌，林肯没有"以牙还牙"地报复这位参议员，而是抱着得饶人处且饶人的态度，秉持着宽容的心态宽恕之、重用之，最终使其心服口服。就像林肯所说，消灭对手最好的方法就是让他变成我们的朋友。当对手成为我们的朋友的那一刻起，对手就不复存在了。

　　我们每一个人都不可能独自生活，因为我们是社会性动物。在我们共同生活的空间里，无论遇到别人多么强硬的态度，都要保持"宽容"的心胸，因为宽容是福，宽容是消灭对手最好的方式。

战国后期，秦赵两国的渑池之会因为蔺相如的机智勇敢，最终不仅完璧归赵，而且还让赵秦两国互不侵犯。由于蔺相如两次出使秦国都保全赵国不受屈辱，赵惠文王便拜他为上卿，地位在大将军廉颇之上。

廉颇自恃自己功劳很大，不把蔺相如放在眼里。他扬言，如果让他见到蔺相如一定要好好羞辱羞辱他。这话传到蔺相如的耳朵里，蔺相如并没有生气，而是常常称病不朝，不跟廉颇发生正面冲突。

有一天，蔺相如带着门客坐车出门。真是冤家路窄，他老远就瞧见廉颇的车马迎面而来。蔺相如急忙叫车夫退到小巷里去躲一躲，让廉颇的车马先过去。门客对此十分不满，他们认为蔺相如胆小怕事。

蔺相如对门客说："你们说老将军和秦王比起来谁更厉害。"

门客说："当然是秦王厉害了。"

蔺相如说："我连秦王都不怕，难道还会怕廉颇吗？秦国那么强大之所以不敢入侵赵国，是因为他们知道在赵国文有蔺相如，武有廉颇。我们二人是赵国的屏障，要是我们两人不和，秦国知道了就会趁机来侵犯赵国，这样局势就会对赵国不利。为了国家安危，我是不会和廉颇一较长短的。"

这一席话传到廉颇的耳中，廉颇觉得非常惭愧，于是裸着上身，背着荆条，亲自跪倒在蔺相如的府前，登门请罪。他对蔺相如说："我一个山野村夫，气量狭小，开罪相国，而相国能够以大局为重，对我如此宽容，我万死不足以谢罪。"

蔺相如连忙扶起廉颇，说："老将军快快请起，咱们两个人都是赵国的股肱之臣，何来有罪之理呢！"从此以后，蔺相如和廉颇两人重归于好，成了生死之交的朋友。他们一文一武联手保卫赵国，使得秦国在很长的一段时间内，不敢轻易地侵犯赵国。

廉颇气量狭小，他自恃功大几次想羞辱蔺相如。而蔺相如却为了赵国安危，对他宽容以待，不与之计较，也正是因为这种宽容感动了廉颇，让廉颇自己觉得惭愧而负荆请罪，从此二人共同为赵国效力。

人生在世，首先就要学会宽以待人，严于律己，不要因为别人的一些微不足道的小错误或缺点耿耿于怀，对人大声指责。

面对"对手"有意的冲撞和刁难时，不要斤斤计较，要舍得对自己的对手宽容，过于计较不但不能抚平心中的伤痛，反而让彼此更加难以沟通，而有失君子的风范，到最后只会是"冤冤相报何时了"。

常言道："待人宽一分是福，利人是利己的根基。"宽容是消灭对手、减少矛盾的最好方式，少一个对手就意味着你将多获得一个朋友，少一点矛盾就意味着多了一份和谐。有了朋友，多了和谐，你还愁没有康庄大道可行吗？

朋友，还是对手，关键就在于我们一念之间。

3. 视若不见，充耳不闻

面对他人的伤害，嫣然一笑，视若不见，充耳不闻，使别人冒犯的言语伤害不到你，拖不垮你，拉不倒你，挡不住你。你坚持奋进，争取更大的成就和荣誉，当你比别人强很多，并让众人望尘莫及时，众人只能认可你、欣赏你、崇拜你！

俗话说："善语一句惹人笑，恶语一句惹人跳。"虽然这句话是劝大家要经常和别人说善语良言，可是，人总有愤怒的时候，总有说错话的时候，也许在不经意间，说出了一些伤害我们的话，我们不愿意听到的话。

虽然"说者无心，听者有意"，但这个时候我们应该让自己冷静一下，不妨学着不计较，甚至装聋作哑，做到"眼不见嘴不馋，耳不听心不烦"，这样我们才不会因为别人的言语而自寻烦恼，进而做到包容别人。

佛祖功得圆满的时候，有个人对他成佛非常忌妒，于是他当面恶语中伤佛祖。面对别人的恶语中伤、指手画脚，佛祖一直笑着面对，不发一言。

等那个人骂尽兴了，再也不想骂了，佛祖微笑着问了他一个问题："如果有人送你东西，你不想要，那你会怎么办呢？"

那个人毫不犹豫地回答佛祖说："当然是还给他了。"

佛祖说："哦，那就是了。"

那个人听完羞愧而退，从此以后他再也不对佛祖恶语中伤了。

做人应该有容人的雅量，面对别人恶语中伤时，如果反唇相讥，那么我们赢了又怎么样呢？又能得到什么呢？不如微笑着去面对，宽容地对待别人。

有人说："宽容，是世界通用的语言，盲人可感之，聋人可闻之。"对别人的宽宏大量就是对自己的宽宏大量。当我们宽容别人言语上的冒犯时，会让别人因为我们的善良而对我们更加尊重。

前墨西哥总统贝尼托·胡阿雷斯是墨西哥著名的资产阶级

革命家和杰出的民主主义者。他是一个印第安人，牧童出身。正是由于他卑微的出身和他的丰功伟绩相比，才越显得他是个传奇。

有一次，他到一个州去视察，被州长请进了自己的府邸，州长给他安排了最好的房间，但他坚持要和别人换房间。在他的一再坚持下，他住进了一个下等的房间。第二天早晨，他去浴室洗漱发现浴室没有水，后来他拍了几下手掌，来了一位女仆。虽然这个女仆年纪已经不小了，可是脾气比年轻人的脾气还要火暴。

那个女仆问道："你有什么事情吗？"

胡阿雷斯请求她说："请帮我打一点水来，好吗？"

那个女仆说："你要是愿意等那就等着吧，一个印第安人怎么那么好干净啊。我没空，我得先招待总统。"总统胡阿雷斯无奈地回到了自己的房间。过了一会儿，胡阿雷斯看水还没有来，于是又请求她帮忙给打点水。

那个女仆不耐烦地数落胡阿雷斯说："你怎么这么不识相！真烦人，水龙头就在那，你自己去打点水洗漱吧。"胡阿雷斯没有因为女仆的无礼而和她计较，而是自己去打水洗漱。

到了该吃中午饭的时候，这个女仆换上了她最好的衣服，准备伺候他们的总统，她觉得能够有机会伺候总统是她的荣幸。就在这时，她看到早上被自己骂不识相的印第安人身穿黑色礼服在州长的陪同下来到大厅。她心想："那个家伙怎么也来了。"当女仆看见胡阿雷斯坐的位置时才明白过来，她吓得浑身哆嗦，面无人色。她不知道该说什么好，只是默默地流泪。

过了一会儿，胡阿雷斯走了过来，拉着女仆的胳臂亲切地说："没有什么大不了的事，别哭了。您的工作是招待大家，您去工作吧，因为这里每个人都是在做自己的工作。"女仆擦干眼泪，不由得钦佩起胡阿雷斯的宽宏大量。

当女仆说话几次冒犯到胡阿雷斯的时候，胡阿雷斯没有抓住女仆的言语错误不放、耿耿于怀，而是微笑着去面对，宽容地对待女仆，最终赢得了女仆的尊敬和钦佩。试想，如果胡阿雷斯责怪女仆的话，既会让女仆生活在内疚之中，也会让自己的内心痛苦，想想，这又何必呢？

事实上，我们与其在别人的言语上大做文章，还不如静下心来宽容别人，嫣然一笑，走自己的路让他们说去吧。文学大师拜伦就曾说过这样一句话："爱我的我抱以叹息，恨我的我置之一笑。"他的这一"笑"，真是洒脱极了，有味极了。

4. 雅量容人，成就大事

宽容是巩固人脉的基石，人与人之间的相处，最重要的就是宽容。有容人之量，学会宽容别人，你才能够得到别人的尊重，更多的人会更愿意与你接触，主动集聚到你周围，并且全心全意地帮助你。

在社会上，我们每一个人都是一个独立的个体，不可能让每个人和我们的意见都相同。如果我们没有宽容的心，那么别人就会因为道不同，不和我们为谋。相反，如果我们能够有宽容之心，那么这种容人雅量就会把人们吸引过来。

在唐朝贞观年间，有一位忠直敢谏的谏臣名叫魏徵，他在追随李世民之前一直是他的死敌，他当时是太子李建成的心腹。

李建成排行老大，李渊登基后封李建成为太子。虽然李建成是太子，但当时李世民却手握兵权，战功赫赫，成为威胁太子李建成皇位的人。于是魏徵屡次谏言让太子除掉李世民，以绝后患。可是李建成始终没有下定决心，最终在玄武门命丧黄泉。

玄武门之变后，李世民审讯魏徵，他质问魏徵："你为何离间我们兄弟？"

但是魏徵却说："如果太子听我当日之言，哪里还会有今日之祸。"

面对一个曾经害过自己的人，大家都认为李世民肯定会杀之而后快，才解心头之恨。然而李世民并没有杀魏徵，而是以宽广的胸怀饶恕了他，并且拜他为谏议大夫。李世民宽广的心胸感动了魏徵，魏徵从此竭力辅佐李世民，成为李世民的左膀右臂，为实现贞观之治立下了汗马功劳。

由于李世民有一颗宽容之心，他才能够宽容一个曾经要置自己于死地的人。正是由于他的宽宏大量，才会感动魏徵，魏徵才能为辅佐李世民成就伟业而竭尽全力，最终治理出大唐的一片大好山河。

试想，如果李世民没有那么宽广的胸怀，他对魏徵曾经献计害自己的事情不能释怀，并因此而杀了魏徵，那么其他人还会追随他吗？而他也就失去了一位能够敢于直谏的良臣，又怎么会有贞观之治的盛世呢？

兰惠是一家化妆品公司的女老板，就表面看来，她貌不惊人，才不出众。可是，就是这样一位相貌、能力平平的女人，却有着异乎寻常的吸引力，这个行业里最优秀的人才都聚集在她麾下，而且任凭别的公司高薪挖墙脚都挖不走。

有许多人对此不解，就问兰惠有何管理人才的秘诀。兰惠想了一会儿，淡然一笑，回答道："其实，我根本就没有什么秘诀，如果非要说有的话，那就是我这人心胸比较宽广，不太爱计较。"

"听听我的故事吧，"兰惠继续说道，"刚进入销售行业的时候，我年轻气盛，意气风发，业绩突出，却遭到了小组长的打压，他怕我抢了他的位子。我屡屡不得志，很委屈地离开了公司，并自己开办了这家公司，做起了经理。一年后，接待面试人员的时候，我看到了他，原来以前的公司不幸地倒闭了。我没有因为以前的事情而恨他，而是大大方方地留下了他。以前的同事们得知情况后，于是纷纷前来应聘。因为在他们看来连这个与我有过节的小组长我都肯聘用，更别说他们了。"

顿了顿，兰惠又说，"不得不承认，是我的宽容吸引来了一大批有能力、工作经验丰富的优秀人才。现在，以前的那些同事都在自己的岗位上做出了一定的成绩，公司的单子接踵而来。相信在大家的努力下，我们的事业会越做越好。"

由此可见，兰惠之所以能够得到这么多人的追随是有道理的，她心胸宽广，不计前嫌，这些都给了以前的同事、现在的员工一颗"定心丸"。有这些优秀的人才努力工作，兰惠的事业又怎能不得到更大的发展呢？

但凡能够宽容他人的人，他们拥有更高的目标，他们知道宽容才是证明自己强大最好的方式，只有宽容才能将别人团结在自己身边，进而成就更大的事业，所以他们根本就不在乎别人犯的小错误，他们会为了大局而宽容别人。

在现实生活中，如果你想拥有良好的人际关系，如果你想做出一番大事业，那么学着培养自己的容人之量吧！把心放宽一点，能容得下别人，才会使近者悦远者来，才会有更多的人追随我们，为我们加油鼓劲。

5. 严以律己，宽以待人

闲谈勿论人非，静坐常思己过。在合作过程中，若我们经常检讨自己的不足，用一颗宽容的心对待别人，就可以避免很多无谓的争吵，以安静祥和的心态为自己、为他人创造出一个愉快和睦的合作氛围。

在现实生活中，我们对同一事物往往会有不同的看法，就会产生分歧。如果我们能够以宽容的心态，多听听别人的想法，对别人的观点求同存异，就会减少分歧，达成共识，促进合作，从而更快地取得成功。

如果不能够把心放宽一点，面对别人不一致的观点时，互相扯皮，互相羁绊，互相拆台，不光会让别人寸步难行，也会让自己走入困境，在一定程度上，就等于关上了合作的大门。

一位智者让甲、乙、丙三人看一位神仙的头长得什么样子。

甲站在神仙的正面，他看到了神仙的面部和五官。

乙站在神仙的背后，他只看到了神仙的后脑勺和两只不完整的耳朵。

丙站在神仙的侧面，他看到了神仙的半边脸和一只耳朵。

当智者问甲、乙、丙，神仙长得什么样子的时候。三个人各抒己见，谁也不让谁，谁也不肯听谁的，都说自己说的是对的，都怪别人没有看清楚。结果他们吵得不可开交，还差一点打起来。

智者说："你们不要吵了，你们只知道责怪别人，为什么不能冷静下来，为什么不宽容地对待别人，想想自己看到的是否全面。你们交流一下，再和我说出神仙的样子。"

三个人听了智者的话很惭愧，于是他们都向彼此道了歉。经过他们交流之后，都说自己看得不够全面。然后他们将三个人所看到的神仙的样子拼凑在一起，结果神仙的样子就出来了。

就像甲、乙、丙三人一样，他们一开始不懂得宽容地和别人交流、合作，结果说出来的答案都是片面的，当智者让他们宽容地对待别人，彼此沟通之后，他们才发现原来自己看到的都是不全面的，进而得出了全面的答案。

的确，人和人之间有太多的不一样，不过这都不重要，重要的是我们有没有宽容的心。如果我们拥有宽广的胸怀，就能够让别人认为我们是一个优秀的搭档。这样，别人才能信任我们，才能与我们合作。

宽容在现实生活中是必不可少的良药，宽容不仅是治疗我们心灵创伤的良药，更是治疗别人心灵伤痛的药膏。无论我们面对合作伙伴还是面对竞争对手，都需要我们拥有豁达的胸怀。

在现实的交际过程中，无论是合作者还是对手，都不应该互相扯皮，互相拆台。如果我们拥有豁达的胸怀，以宽容豁达的胸怀去包容他人，那么我们就能够相互扶持，相互帮助，不仅在事业上我们会一帆风顺，在交际上也会左右逢源、如鱼得水。

16世纪的德国天文学家科普勒在还未功成名就之前，写过一些关于天体的书，得到了著名天文学家第谷的赏识。当时第谷正在布拉格进行天文学的研究，他真诚地邀请素未谋面的科普勒和他一起合作，共同研究天体运动。

听到这个消息后，科普勒自然兴奋不已，能够有幸和大名鼎鼎的第谷共同做天体研究是他这辈子都没有想到过的事情。于是，他举家迁往布拉格。不料在途中，贫穷的科普勒病倒了，但他没钱医治。第谷知道后立即寄钱帮他渡过难关。

但是，到达了布拉格之后，由于一些突发的原因，科普勒并没有如愿进入天文研究所，也没有得到国王的接见。他怀疑是第谷从中作梗，玩弄自己，于是写信把第谷骂了一顿后，甩袖而去。

本来第谷是一个非常爱面子的人，但是这次面对科普勒的谩骂，他并没有放在心上，而是积极地处理这些突发事件，最终说服国王邀请科普勒到布拉格做研究。之后，他给科普勒回信，说明事情的原委。

看到来信的时候，科普勒被第谷的宽容大度所感动，再次来到布拉格，开始了合作研究。后来第谷一病不起，临终前他不计前嫌，将自己在天体研究方面的所有资料都交给了科普勒，科普勒非常感动。后来，科普勒根据这些资料，编著出著名的《路德福天文表》，以告慰第谷的在天之灵。

可以说，是第谷的宽容赢得了科普勒的欣赏和钦佩，使得破裂的友谊可以再度重圆，进而能够继续合作下去。也正是第谷的宽容，成就了科普勒，成就了天文学上的著作《路德福天文表》，名垂千古。

在任何合作过程中，合作成员之间的矛盾和冲突是不可避免的，但是只要能宽以待人，那么矛盾和纠纷也常常会化于无形，进而冰释前嫌、化敌为友，这比任何道理的叙述都更有说服力。

明白了这些道理之后，就将之贯彻到实际生活中吧！相信你与别人的合作关系会因此而非常融洽，合作过程会非常愉快，而且能够取得非常不错的成果。你在收获朋友的同时也能收获成功，你的人生之道会越走越宽广！

6. 宽恕他人是对自己的赐福

我们生活在茫茫人世间，难免和别人产生误会和摩擦。如果我们不能宽以待人，就会将仇恨的种子种在自己的心里。当自己的仇恨充满内心的时候，就会伤害别人，也伤害自己。

在《鹿鼎记》中，顺治对康熙说："人生最难学的就是宽恕，然而人生最珍贵的也是宽恕。"宽容并不是任何人赋予我们的，而是我们对自己的一种赐福。一个肯在别人心里播撒下爱的种子的人，会收获盛开的鲜花。

其实，宽恕别人并不是惩罚自己，放过别人也就是善待自己。试想，我们不能宽恕别人，把心思都浪费在与别人斤斤计较、针锋相对上，哪里还有时间和心思做好自己的事情呢？而且这种怒气会赶跑身边的每一个人。

不宽恕别人，只会让自己活在痛苦的仇恨中，生活过得郁郁寡欢，没有一个人愿意整天和一个内心充满了恨，脸上布满怒的人待在一起，因此，为了自己，我们也要学会把心放宽一点，对别人多一分宽恕。

从前，有一位国王名叫长寿，他邻国的统治者是一个非常凶狠残暴的国王，人们都称他为恶王。恶王垂涎长寿王的国家已久，发动了战争。长寿王不想让双方的黎民百姓陷入水深火热的战乱之中，主动投降，结果被当众烧死。

行刑前，长寿王在刑台上看到乔装打扮成老百姓的儿子长生挤在人群中，他害怕儿子将来会为自己报仇，于是仰天长叹，说不希望自己的儿子将来为自己报仇，否则他死也不会瞑目。但长生心里很纠结，杀父之仇不共戴天，又怎么能不报呢？

长生乔装打扮混入恶王手下的一个大臣的府上做了厨师。一次，大臣请恶王到自己的府上做客，当恶王尝到精美可口的饭菜的时候，便向大臣要了长生。恶王把长生带回王宫，让长生专门负责自己的饮食。

长生对恶王阿谀奉承，不久便得到了恶王的信任，被提拔做了贴身卫士。在他和恶王的一次打猎中，他有好几次机会能杀掉恶王，但是他想起父亲的遗言，始终没能下得了手。后来他决定宽恕恶王，向恶王坦白了自己的真实身份。

长生原以为恶王肯定会杀了自己，斩草除根。谁知，恶王听完后非常感动，也非常后悔当时的所作所为，他把国家还给了长生，二人从此结为兄弟，自己回到本国。从此两个国家和睦相处，互通有无，人民也过上了共享安定太平的日子。

长生因为记住了父王的遗言，决定宽恕恶王，不再背负这样的仇恨。当长生向恶王禀明实情后，恶王因为得到了长生的宽恕，大受感动。为了弥补自己当年的过错，恶王把国家还给长生，两人结为兄弟，最后换来了两国和睦相处。

试想，如果长生不能宽恕恶王，一直处心积虑地找机会报复，那么，相信他的心里日日夜夜都会背负很大的压力，就算他真的杀了恶王，父王也不可能起死回生，或许还会引发新一轮的两国大战，后果不堪预想。

宽容是一种美德，在人际交往的过程中，只有舍得宽恕别人，才能让他们对我们宽广的胸襟佩服，他们会加倍弥补他们曾经在我们身上所犯的过错，也会因为我们的宽容而更加愿意和我们交往。

宽容更是一种博大，如果一颗心能装下别人的错误或者世间的是是非非，它也就能装下整个世界的风风雨雨，那么在我们眼里，再大的困难也将不是困难，再多的问题也将不是问题，这难道不是你征战人际战场的一种可贵资本吗？

7. 包容自己的缺点，不断接近完美

我们必须宽容我们自己，宽容自己的缺点，因为我们不可能完美无缺。

金无足赤，人无完人，每个人都会有这样或者那样的缺点，如果我们终日沉浸在自己的缺点中不能自拔，整天自怨自艾，这样不仅会影响我们自己的情绪，还会影响到我们周围朋友的情绪，从而让朋友不喜欢我们，甚至远离我们。

因此，在为人处世中，我们应该包容自己的缺点，坦然地面对不完美的自己。任何人都是爱自己比爱别人多一点，如果我们都不爱我们自己，还指望谁来爱我们呢？如果我们都不包容我们自己，还能指望别人包容我们吗？

世界上没有完美的人，就像我们永远也找不到一片完美的树叶一样，但是谁能说不完美就不美好呢？世界名作维纳斯的雕像之所以美，不正是因为缺少了双臂，才产生了震撼心灵的效果，从而受到更多游客的青睐吗？

对于我们来说，包容自己的缺点，远比包容他人的缺点需要更多的胆识和勇气，需要具备更加锐利的眼光和更大的耐心和毅力，不是把自己当作一只破罐子，随心所欲地抛弃，而是把自己当作神仙一样供奉在高高的神殿之上。

下面让我们来看一个故事吧。

她出身很平凡，却一直渴望成为明星。可惜，在外人看来，她并不具备成为明星的条件。她长了一张不美的大嘴，还有一口龅牙。第一次在夜总会登台演出的时候，她刻意地用自己的上唇掩饰牙齿，希望别人不会注意到她的龅牙。结果，台下的观众看她滑稽的样子，不禁大笑。

下台后，一位观众很率直地对她说："我很欣赏你的歌唱才华，也知道你刚刚在台上想要掩饰什么。你害怕别人注意到你的龅牙，对吗？"女孩听后，一脸尴尬。这位观众接着又说道："龅牙怎么了？别再为此自卑了，尽情地展现你的才华吧。也许，你的牙齿还能够给你带来好运呢！"

听了这位观众的忠告，女孩此后不再自卑于自己的龅牙，唱歌的时候她总是尽情地张开嘴巴，把所有的精力都置于歌声中。最后，她的名字——凯茜·桃莉风靡了电影和广播界，甚至很多人都迷上了她那看起来非常亲切的龅牙。

　　凯茜·桃莉之所以能够广受欢迎，是龅牙带来的好运吗？谁都知道这是玩笑话。但我们必须承认，当她不再自卑于龅牙的存在，学着包容自己的龅牙，尽情地投入到演唱中时，更多的人被她感染了。

　　在很多时候，我们与其去隐藏自己的缺点，还不如坦然地面对，将自己的缺点展现出来，对自己开一个玩笑，自嘲一下自己的缺点，也没什么大不了的。这样，别人反而会觉得我们很真诚，对我们刮目相看，更加愿意接纳我们。

　　别用完美捆绑自己，把心放宽一点，包容自己的缺点，坦然地面对自己的缺点吧。只有这样，我们才能够向别人展现真实的自我，我们的真实、坦诚才能迎来更多的朋友。

　　当然，包容缺点并不意味着任其发展，或者对自身的缺点无可奈何。事实上，缺点并不可怕，不能够改变缺点才可怕。缺点不是根深蒂固的，只要你积极地去战胜并克服它，你就能改变自己的命运。

　　一开始，梅兰芳被别人认为资质太差，天生不是唱戏的料。的确是这样，戏剧最能传神的就是眼睛，但梅兰芳偏偏是个近视，两目无神；好的戏曲演员要有"余音绕梁，三日不绝"的好嗓子，但梅兰芳的嗓子不响亮。更糟的是，他脑子反应慢，记东西慢，学东西慢，这更是学戏的障碍。

不过，好胜心强的梅兰芳并没有放弃戏剧，他决定——克服这些弱点。为此，他天天练眼神，方法是用眼睛追踪天上的飞鸽和在水中游来游去的鱼儿，练的时间久了就泪流不止，非常难受；为了练嗓子，梅兰芳每天早上 6 点钟就起来吊嗓子；至于脑子反应迟钝，只有用笨方法，就是反复练、反复唱，梅兰芳给自己下了规定，每一句非要练上三十遍不可。

即使这样很辛苦，梅兰芳也一点不肯放松自己，他坚持不懈，一练就是十多年，终于弥补了先天的缺陷。他的眼神、台步、指法，一举一动，不仅姿势优美，而且与剧中人物的思想感情浑圆周密，融为一体；他的唱腔，悦耳动听，清丽舒畅；许多唱念做打的繁难功夫，一经他演来就显得那么驾轻就熟，得心应手，他成为了享誉世界的戏曲大师。

这个世界上没有完美的人，每个人都或多或少地存在一些缺点。但是，当你能够逐一克服自身缺点的时候，你就打败了自己这个最大的敌人，你也将变得越来越接近完美。你还有什么不能做到的呢？你还用愁别人不喜欢你吗？

第七章

争赢之累

舍不得妥协就得不到双赢

　　大丈夫就要能进能退，进一步星光灿烂，退一步海阔天空。在人际交往的过程中，没有人能够总是对的，当我们发现别人错了，千万不要得理不饶人，我们要学会让三分，要学会退一步。因为我们退了一步，也就意味着为我们自己留下了广阔的空间。

1. 学会退让，赢得别人尊重

在生活中，我们吃亏是在所难免的，退让三分也没有什么关系，到了春天才能看到杨柳绿，到了秋天才能看到菊花黄。

现实生活中总会有一些磕磕绊绊，如果我们总是得理不饶人，没理搅三分，无论战胜还是战败，都不会改变世间的规律。一切都不会因为我们的说辞而改变，更不会因为我们的心情而改变。

让则通，通则顺，一顺百顺，顺风顺水，顺心顺利。

我们可以将人生比作一个圆圈，不论顺时针还是逆时针去画，都能画出来。生活中，有时候"退"并不是服从与软弱，而是一种懂得变通的智慧。退，可以缓解当前状况扭转局面。同时，退也是一种战术、一种策略、一种高标准的做事要求。

高明的处世哲学是以退为进，就好比只有收拳才能出拳有力，我们退一步是为了能大步地向前走两步。

　　人际关系中有一条特别难的锦囊妙计，那就是以退让开始，以胜利结束。在一开始，你表现得以他人利益为重，实际上也是为自己盈利开辟道路。在做有风险的事时，不妨冷静沉着地让一步，或许会取得更佳效果。

　　三国里有一著名事件，司马懿就是利用以退为进的策略夺得兵权的。

　　三国时期，蜀相诸葛亮出兵北伐曹魏。魏主曹睿看着眼前一封又一封的告急文件，一时间不知该如何是好。同时还有另一件事，东吴孙权称帝，跟蜀国结成联盟，随时有攻入中原的可能。两面夹击让曹睿一时间不知如何是好。就在此时，执掌兵权的大都督曹真又患重病。无奈之下，曹睿只好宣召司马懿商量对策。此前他对司马懿一直都不太信任，找他实为无奈之举。

　　司马懿分析局势之后说："以臣之见，东吴孙权只是表面上称帝而已。我们用不着派兵防吴，而是需要集中兵力防蜀。"曹睿一听，觉得非常在理，当即封司马懿为大都督，总领陇西各路兵马，之后又吩咐属下去曹真府取大都督兵符来。

　　司马懿听了却阻止说："还是让我自己去取吧！"

　　司马懿去曹真府后，见了卧病在床的曹真，对他说："东吴、西蜀联盟兴兵来犯，诸葛亮又再次兵出祁山，这件事您知道吗？"

曹真一听大为惊讶，说："因为我身患重病，家人什么消息都没有告诉我。现在国家有难，只有司马兄才有能力抵挡蜀兵呀！"

司马懿赶紧谦虚地说："我才疏学浅，哪里比得上您。"

曹真命属下说："快去取大都督兵符来！"

司马懿紧忙推辞说："都督不用费心，我愿助你一臂之力拒敌，万万不敢接受兵符！"

曹真听了他的话立即央求道："你如果不担此重任，我们的国家就危在旦夕了！我今日虽然卧病在床，也要去找皇帝推荐你！"

司马懿见他句句说的都是肺腑之言，便说："天子已有恩命，只是我不敢接受罢了！"曹真闻言大喜，说："只要你肯担当此任，蜀兵可退！"司马懿经过几番推诿后，终于接受了兵符。

从故事里不难看出，司马懿老谋深算，非常恰当地运用了以退为进的策略，掌握了兵权的同时化解了曹真被夺权的怨愤。

种种经验告诉我们，为人处世要懂得退让，让则通，通则顺，一顺百顺，顺风顺水，顺心顺利。退是一种大智慧与处世哲学，更是一种教人走向成功的谋略。

2. 有理也要让三分

　　俗话说："有理走遍天下，无理寸步难行。"可是，在有理的时候，我们也千万不要得理不饶人，应该学会得饶人处且饶人，有理也要让三分。

　　也许有人会说："人活一口气，佛争一炷香，在别人理亏的时候，就是要与别人一争高下，让别人知道自己不是好欺负的。"因此，只要是自己有理，就不肯让步，非要让对方承认自己的错误，或者非要逼得对方无路可退才肯善罢甘休。

　　和别人争斗不休，到最后我们又得到了什么呢？即使让别人知道我们不是好欺负的，可那又有什么用呢？没错，到最后别人是都不敢欺负我们了，但与此同时，也没有人敢理我们了，这不是得不偿失吗？而且，得理不饶人也会显得没理了。

　　得饶人处且饶人，我们敬别人一尺，别人就会敬我们一丈。当我们在得理的时候放别人一马，日后别人得理也会放我们一马。只有得理让三分的人才能拥有更多的朋友，才能和更多的人和睦相处。

在汉朝时期，有一位太守名叫刘宽。他仁慈宽厚，心地善良，从不刁难属下和百姓。每逢他的属下或是百姓做错事的时候，他只让差役用蒲鞭轻轻打几下，以示警告。老百姓都说刘宽是个好官。

刘宽的夫人听说自己的丈夫深得民心，一开始还不太相信，于是她想看看刘宽是否真像百姓所说的那样。有一天，她让婢女在刘宽办公时，端着一碗肉汤走出来，当走到刘宽旁边时，故意装作不小心的样子，把肉汤泼到了刘宽的官服上。果然，刘宽不仅没发脾气，反而关心婢女有没有烫伤。刘夫人看到刘宽有理让三分的度量之后心悦诚服。

又有一次，在大街上，有一个人看见刘宽驾车的牛硬说是自己的牛。刘宽并没有和那个人据理力争，也没有竭尽全力保护自己的财产，而是什么也没说，吩咐车夫把牛解下给那个人，自己走着回家了。

后来，那个人找到了自己家的牛，于是把刘宽家的牛归还给了刘宽，他再三地向刘宽道歉。可此时，刘宽并没有得理不饶人，而是好言好语安慰了那个人一番，并和那个人说："你不必担心，回家好好生活吧，我不会怪罪于你。"

正是由于刘宽有理让三分的度量，百姓对他非常佩服，也更加爱戴他了。

　　不必得理不饶人，谁对谁错、谁是谁非，慢慢地自然会见分晓，用不着我们怒气冲冲地去指责别人。得饶人处且饶人，是有百利而无一害的，会让你拥有更加广阔的空间。

　　在人际交往中，世事曲折如道路，人情翻覆似波澜。也许今天的朋友会成为你明天的敌人，而今天的敌人也许会成为你明天的朋友，所以，"狭路相逢让人行，得理也让人三分"，更是一种自保之法、化敌为友之道。

　　在一家餐馆里，有一位顾客突然大声喊道："服务员！你过来！你过来！"这时，餐厅里的服务员走了过来，面带微笑地对他说："先生，请问有什么事情需要我帮助您的吗？"

　　那位客人怒气冲冲地说："你看看，你们的牛奶坏了，把我的红茶都给糟蹋了！"

　　服务员微笑着说："真对不起，我帮您换一下。"

　　很快，服务员就把红茶和牛奶端了上来，杯子和碟子跟上一杯是一模一样的，放着新鲜的牛奶和柠檬。服务员轻轻地把牛奶和鲜柠檬放在顾客面前，轻声地说："先生，我能不能给您提个建议，柠檬和牛奶不要放在一起，因为牛奶要是遇到柠檬很可能会造成牛奶结块。"

　　顾客的脸刷地一下就红了，他匆匆喝完那杯茶就走了出去。其他的客人问那位服务员说："明明是他老土，你为什么不直接和他说呢？他那么粗鲁地对你，为什么你还和颜悦色的呢？"

服务员轻轻地笑了笑，回答道："正是因为他粗鲁，所以我才要用婉转的方式，因为道理一说就明白，又何必那么大声呢？理不直的人，常常用气壮来压人。有理的人，就要用和气来交朋友。"

在座的所有顾客都笑着点了点头，对这家餐馆又增加了几分好感。从此，这家餐馆的生意也越来越红火，不是因为他们的菜有多好，也不是因为餐馆的规模有多大，而是因为餐馆的服务态度好。

正是由于服务员在对待客人的时候，懂得有理让三分，不会因为顾客的无理取闹就还以颜色，而是面带微笑地为顾客服务，然后用委婉的语气告诉顾客事实的真相，保留住顾客的尊严，这样才会让更多的顾客光临这家餐馆。

古人云："用争斗的方式，我们永远得不到满足；但是用退让的方式，我们得到的会比期望的更多。"在交际过程中舍得让别人，即使我们有理也舍得让别人三分。这样才能赢得别人的尊重，才能和更多人和谐共处。

3. 留一步，让三分

俗话说得好："凡事留一线，日后好见面。"我们如果凡事都
给人给己留有余地，方可避免走向极端。尤其是在权衡得失进退的
时候，一定要学会适可而止，让自己见好就收。

在这个世界上，我们在交往的过程中，不可避免地会在某一
方面与别人的观念不同，自然也就会产生大大小小、各种各样的
矛盾。

当我们面对这些矛盾时，如果我们争强好胜，总是想要压别人
一头，那么往往就会在无形之间给自己及周围的人带来很大的压
力，破坏良好人际关系，使自己走向孤立无援的境地，为自己设置
许多障碍，生活各方面陷入窘迫。

我们在与人相处时，要学会相互帮助与忍让，这两样少了
其中一样便什么事也干不了。对人对事不要小题大做，抓住不
放，学会包容，要知道给对方关上一道门的同时，也把自己堵
在了门外。

两个人在一架独木桥中间相遇了，因为是独木桥，所以只能容一个人通过。这两个人站在桥中间都想让对方先给自己让路。

其中一个说："我现在有急事，您让我先过去吧。"

另一个人说："既然我们都不愿让对方先过，那就同时侧身过桥。"

他们说好之后，就侧过身子脸贴脸地过桥。

这时一个人暗暗推了另一个人一把，那个人在快要掉入水中时抓住了推他的人。结局大家都想到了，二人最后一起掉进了水里。

墨子说："恋人者，人必从恋之；害人者，人必从害之。"我们要让自己的心境平和，与其争抢不如退让，这也是为自己寻求方便的根源。

凡在争抢中度过时光的人，都不能称得上懂得为人处世底线的智者。可以说，处世是人一生追寻的学问。反之，"求让"则是保证我们能够安心做事的非常重要的做人底线。

"争"与"让"的区别在于："争"在于不失自身的分寸，"让"在于敢于舍弃一切。凡事如用"争"的方法，大多时候你不会得到满意的结果；但是用"让"的方法，则收获会高于预期。不可小觑语言的杀伤力，它带来的伤害也是非常巨大的，假如你非得争口舌之快，倒不如学会退让。

人通常都不愿意承认自己的错误，会觉得很难堪，心里总是很勉强，可是如果这样做能够使事情办得很顺利，增加成功的希望，带来的结果就可以冲淡认错时的沮丧情绪。而且很多时候，如果你先人一步承认自己错了，别人也很可能会跟你一样宽容大度。就好像打拳击一样，伸出去的拳头想要再次出击，一定要先收回来才行。

庄子曾讲，穷通皆乐；苏轼则言，进退自如。不管是庄子所说的穷通，还是苏轼所讲的进退，都指的是同一种做事的策略。穷通指的是人实际的境况遭遇，进退指的是人主观的态度和行动。庄子认为，世间万事万物都应顺应自然，不去强求，方可过上安乐祥和的日子；苏轼认为，人只有应用自然法则，安于当下环境，才能进退自如，穷通皆乐。由此看来，做人的大道理、大智慧即是进退之道。

生活有时就是这样，如果你刻意追求，追求得太迫切、太执拗，大多时候会一无所得，只能徒增烦恼。相反，如果你适当地对别人作出一些让步，有时候比总是为了争强好胜而撞破头更加有效。

4. 以退为进，进退自如

只有忍得一时之屈，才能让对方消除怒火，才能处世冷静，才能让自己拥有更多的朋友，拥有更好的人缘。

生活中，人们常常赋予"前进"以勇者的赞誉，因为"进"代表着积极向上，积极进取的人生态度。但是，在人际关系上，我们一定要懂得"退"，要舍得"退"，让自己"停下来"或"退几步"。

不要怀疑，有时候"舍"就是"得"，"退"就是"进"，自己退一步，是为了积蓄更多的力量，为前进而做的准备，就意味着往前进一步；给别人方便，实际上是为日后给自己留下方便，这未尝不是一种进。

我们先来看一个比较典型的事例。

春秋时期，楚庄王为了增强自己的势力，发兵攻打庸国。由于庸国奋力抵抗，楚军一时难以推进，楚将子杨窗也被俘虏了。三天后，由于庸国的疏忽，子杨窗竟从庸国逃了回来，他对楚庄王说明了庸国的情况："庸国人人奋战，如果我们不调集主力大军，恐怕难以取胜。"

楚将师叔出了一个主意，建议用佯装败退之计，以骄庸军，从而再去进攻他们。因此师叔带兵进攻，开战不久，楚军佯装难以招架，败下阵来向后撤退。像这样一连几次，楚军节节败退，庸军七战七捷，不由得骄傲起来，军心麻痹，军队渐渐松懈了斗志，对敌人的戒备之心也渐渐消失了。

在这种情况下，楚庄王率领增援部队赶来，师叔说："我军已七次佯装败退，庸人已十分骄傲，现在正是发动总攻的大好时机。"于是楚庄王下令兵分两路进攻庸国，此时庸国将士正陶醉在胜利之中，怎么也不会想到楚军突然发起进攻。庸国士兵仓促应战，抵挡不住，结果庸国被一举消灭。

在这个故事中，楚国为了战胜庸国，采取退让的方法，退本身并不能说明他们胆怯、弱小，是逃兵，相反是为了可以积蓄能量，更好地进攻；退一步便可以创造更好的机会，最终获得了胜利。

在我们的生活中，还有很多以"退"为"进"的事例，体育竞赛中的足球、篮球赛，当进攻受阻时，往往是将球后传，谋取更有效的进攻，获取"破网"的收获；汽车驾驶员，在泊车时，有时也需要准确地后退，才能将车停在安全的位置，起步时，有时也需要后退，才能把车驶上前进的道路……

当然，生活中的为人处世更是如此。在遇到问题时，如果一味地向前横冲直撞，不仅事情办不成，还会导致意想不到的后果。所以，退是最好的方法，待到关键时刻，再勇往直前，你将会收获更多！

一天上午，有一个美国人怒气冲冲地来到了某饭店的经理室，他指着经理说："你就是经理吗？我在你们饭店摔伤了腰，你们的地板那么滑，怎么不做好防护措施呢？这样太危险了，我需要你们马上给我治疗。"

看着这位怒气冲冲的顾客，经理依据自己的经验判断他的腰没有什么大问题，但是经理还是很客气地说道："实在是很抱歉，您的腰不要紧吧，我马上为您联系医务室，给你做一下检查，请您稍坐一下。"

美国人坐在椅子上继续抱怨着，饭店经理看他的情绪已经稳定下来，便温和地说："医务室已经帮您联系好了，我这就带您去。不过，进入医务室需要专用的鞋子，现在请您换上这双鞋吧。"

当这位美国人走出办公室以后，经理悄悄地把他换下来的鞋交给一位服务员，并吩咐她说："这双鞋的后跟已经磨薄了，你赶快把它送到楼下修鞋处给换上橡胶后跟，在我们回来之前必须送回来。"

果然，检查一番后，这位美国人没有发现任何异常，此时他的情绪也完全冷静了下来，他也觉得自己刚才太莽撞了，解释说："地板滑实在是太危险了，我只是想提醒你们注意，没有别的意思。"

经理友好地笑了笑，说道："谢谢您的好意，以后我们一定会提醒顾客注意的，也会做好改进的工作。好的，这是您的鞋，很冒昧我们擅自修理了您的鞋，因为您的鞋后跟已经磨薄了，这样很容易滑倒的。"

美国人有些不好意思地接过鞋，穿上后非常高兴，他感激地对经理说："实在是太感谢了，对于您的关怀我是不会忘记的。"从此以后，只要这个美国人来到这个城市，肯定会在这家饭店住宿。

这位美国人能够满意而去，就是因为饭店经理懂得退让。他明知道美国人之所以滑倒是因为自己的鞋跟磨得太薄了，但他并没有急着为自己辩驳，而是先带心情激动的美国人去医务室检查，派人把美国人的鞋修好，然后等美国人的心情完全平静下来之后，才告诉他滑倒的真相。这样既保住了美国客人的尊严，还为饭店保留了一位回头客。这样的退，难道不是一种进吗？

退，是为我们下一次的进步积蓄力量。对别人暂时的退让，我们不会损失什么东西，却可以让自己前进，可以赢得更多的财源和人缘。因此，为人处世，要有退步的勇气，要学会以退为进。

5. 适度妥协让彼此身心舒畅

在这个世界上，没有解不开的心结，也没有化解不了的矛盾。只要我们能够做到适度地退让，就会拨云见日，就会雨过天晴，就会获得美丽的风景。

在生活中与别人发生摩擦的时候，千万不要与对方撕破脸皮，甚至大打出手，这样做不但伤害我们和别人的感情，而且还不会赢得别人的尊重。要想搞好人际关系，有必要学会妥协、退让，适当的时候忍一忍。

一天傍晚，狮子爸爸和小狮子吃完晚饭后，狮子爸爸带着小狮子在草原上散步，它们悠闲地走着。突然对面来了一条疯狗，狮子爸爸对小狮子说："咱们赶紧躲起来吧。"说着，便躲到了草丛后面。

眼看着疯狗在自己面前大摇大摆地走过，小狮子十分生气地对爸爸说："爸爸，大家都说你是草原之王，我看你是胆小鬼，那条疯狗本身就不是我们的对手，连我都不怕它，在你的眼里又能算得了什么呢？它应该为我们让路，为什么反而你要对它妥协退让呢？"说完余怒未消的小狮子就要走。

狮子爸爸叫住小狮子说："儿子，你听爸爸给你解释。你想，如果爸爸和那条疯狗发生了冲突，打赢了那条疯狗，那我能得到什么好名声吗？别人只会说我恃强凌弱，毁了我的名声，是不是？"小狮子觉得很有道理，点了点头。

接着，狮子爸爸又说："如果我们在和疯狗打斗的过程中不慎被它咬了一口，那么我们的麻烦就更大了，不但毁了我草原之王的名声，还得花钱打狂犬疫苗，一打就是好几年，这样我们合算吗？"小狮子又心悦诚服地点了点头。

狮子爸爸说："如果我们躲避一下，给疯狗让条路，这样我们就两不相伤，对大家来说都是好事。儿子，今后你也要记住，真正的强者并不是比谁更狠谁更能打架，而是比谁更能忍让。因为不是我们能打我们就是强者，也不是谁见了我们都害怕，都退避三舍。我们就是强者，真正的强者是藏在别人的内心之中的。"

小狮子听完爸爸的话高兴地说："我知道了。"

就像狮子爸爸说的那样，真正的强者是藏在别人的内心之中的，妥协、退让并没有让它失去草原之王的地位，也不会动摇它在其他动物心中"强者"的地位，而疯狗也没有因为狮子的退让而让自己的地位有所提高。

真正的强者是不会在乎一时的妥协、退让的，因为对他们而言，妥协、退让不是懦弱的表现，更不是可耻的，而是强者应该有的一种度量和胸怀，是一种对别人的尊重，也是对自己的一种尊重。

有人说："马善被人骑，人善被人欺。"但是他们不知道，马善人骑天不骑，人善人欺天不欺。当我们以宽广的胸怀去面对别人、与人为善的时候，我们得来的不是别人的欺负，而是别人的尊重。

妥协、退让是一种素质、一种美德、一种胸怀，是创造和谐人际关系的基础。我们在和别人相处的时候，不可避免地会与别人发生矛盾和纠纷，此时完全不必针锋相对，不妨妥协、退让一下。

正所谓，一忍百事成，百忍万事兴。适当地妥协、退让，可以熄灭我们心中的怒火和怨气，不但会让自己身心平安，而且还会让别人身心舒畅，我们也会因此而获得更多朋友的好感和尊重。

6. 知难而退，赢得尊重

我们要学会理智地退，懂得知难而退，不与他们硬碰硬，更不要做正面的交锋。

如果为了显示自己的实力，为了向别人证明自己不是好欺负的，就总是和别人争斗，和别人硬碰，那么我们就会落入别人的"圈套"，到最后只会让彼此两败俱伤，对彼此都没有任何好处，而且自己往往是最大的受害者。

因此，当我们明知来者不善、无理取闹的时候，选择知难而退不与他们发生正面冲突，是一种智慧的选择。你会发现，因为你的退让，不仅为自己赢得了一片光明，也为别人迎来了一片光明。

北宋仁宗时期的宰相富弼以大度著称，上至皇帝，下至文武百官，无不称赞他的人品。他聪明博学，性格宽厚谦和，在面对别人的刁难时，也总是知难而退。

有一次，一个秀才自恃自己才高八斗、学富五车，想和富弼较量一下，于是他便在街上拦住富弼的去路，他问道："听说你见多识广，我想请教你一个问题。"

富弼知道来者不善，但也不能不理会，只好答应了。众人看见富弼被人拦截，都拥过来看热闹。秀才问道："欲正其心必先诚其意，所谓诚意即毋自欺也，是即为是，非即为非。这是什么意思？"

富弼笑了笑，答道："这个我还没有理解透彻，不太清楚，那你说是什么意思啊？"

秀才听完大笑道："亏你熟读四书五经，原来你也只是浪得虚名啊。"说完便扬长而去。

富弼的仆人气不过："我真是不明白，这个问题连我都知道答案，您怎么装糊涂呢？"

富弼说道："这个人年少轻狂，我要是与他辩论，必然会言辞激烈，气氛紧张，无论谁胜谁负，彼此都会口服心不服。那个秀才心胸狭隘，必然会记仇，我又何必和他逞口舌之快呢？"

过了几天，富弼在街上又遇到了那位秀才，主动上前打招呼。那个秀才扭头而去，理都不理他。走出了一段距离后，他才回头对着富弼大声喊道："富弼乃一乌龟耳！"

仆人告诉富弼秀才在骂他，富弼却说："是在骂别人吧！"

仆人说："可是他指名道姓骂你，怎么会是骂别人呢？"

富弼说："天下同名同姓之人多得是。"他们边说边走，就当秀才不存在一样。

　　秀才本想借机羞辱富弼，让他下不了台，但是富弼却不与自己一般见识，自觉无趣，也深深地感觉到了富弼博大的胸怀，便低头走开了。从此以后，秀才见到富弼再也不羞辱他了，还总是毕恭毕敬的。

　　面对秀才的多次刁难，富弼都选择了退让，不与秀才争辩是非，才会避免与秀才发生无休无止的纠缠。正是因此，他才让秀才改头换面。试想，如果富弼面对秀才的百般刁难，选择迎难而上，那么结果又会是怎样呢？

　　还有一个选择知难而退的经典事例，我们不妨来分享一下。

　　西汉名将韩信武功盖世，称雄一时，但当他还未功成名就的时候，只不过是一个平民百姓。

　　有一天，韩信正在街上闲逛，突然迎面走来一个人。他看不起韩信这副寒酸迂腐相，当即从腰间抽出一把刀，扔在韩信的面前，说："韩信，你要是不怕死，就用菜刀来砍我，要是怕死不敢呢，就从我的裤裆底下钻过去！"说着，他双手抱胸，双脚叉开，趾高气扬地看着韩信。

　　韩信一看，猜到对方是故意找碴的，他心里很是气愤，但他还是平心静气地问："这位兄弟，不知道我有什么地方得罪你了。"

　　那个人说："没有，我就是听说你胆子很大，今天我倒要看看你有多大的胆子。"

韩信认真地打量着人高马大的那个人夫，心想，自己形单影只，硬拼肯定吃亏，为了这点小事闹出人命来得不偿失。于是他便弯腰趴地，从那人的胯下钻了过去。顿时，那个人得意地狂笑起来，满街的人也跟着哄笑起来。

韩信低着头，一声不响地从人群中走了出去。后来，他忍气吞声，闭门苦读，学得一身兵法，军事才能无人能及，得到汉王刘邦的重用，拜为大将军，为大汉王朝的建立立下了汗马功劳，威名远扬。

在常人看来，韩信的"胯下之辱"绝对让人不堪忍受，简直是奇耻大辱，然而韩信爬过去了！大多数人不理解大英雄韩信为何能忍受他人的欺辱。其实，这正是韩信能知难而退、能屈能伸的精神所在。

试想，如果韩信当时选择迎难而上，一气之下，杀死那个人，还挥刀乱杀那些旁边看笑话的人，免不了要吃官司。那么，历史将被改写，历史上就不会出现一个叱咤风云的大将军，只会多一个名不见经传的枉死鬼。

我们在生活中也是一样，当别人刁难我们的时候，摆在我们面前的有两条路：我们可以选择迎难而上，和对方正面交锋、一决雌雄，最后弄得两败俱伤；我们也可以选择迎难而退，让对方自觉无趣而善罢甘休，从此赢得对方的尊重。

想要什么样的结果，就要看你如何选择了！

7. 退让是趋利避害的"法宝"

当灾祸来临的时候，我们任何人都是无法逃避的。唯一避免灾祸的"法宝"就是，要时常注意退让，不要种下灾祸的种子。

在生活中，我们要时刻懂得退让，因为只有我们懂得主动退让，才能防止我们与别人争斗，我们才能防止伤害到别人，这是一种让我们能够明哲保身的方法，能趋利避害，远离人际纷扰与祸端。

在我们每个人的内心深处总有一些鲜为人知、不愿意让人知道的一面，聪明的人会尽量避开，主动退让，尽量不去触碰到别人的禁区；而愚蠢的人则相反，他们总是横冲直撞，不会因为是别人的禁区而主动退让。所以愚蠢的人往往被人唾弃，而聪明的人则会赢得别人的尊重。

在人际关系中也是一样，面对别人不愿意提及的禁区时，我们要学会主动地退让，尽量避开这些禁区，如果非要一意孤行，横冲直撞的话，很有可能会伤害到朋友的感情和自尊，破坏你们之间的友谊。

许孟和几个生意上的朋友一起吃饭，一是为了相互联络、深化感情，二是想就目前市场情况进行讨论，以便制定合理的工作安排。当时，在场的一个朋友李经理的公司亏损了不少，所以大家都有意识地回避这个问题。

然而，许孟席间酒一下肚，就口不择言了，加上自己刚做生意赚了一大笔，忍不住就开始大谈他的捞钱经历和商界功夫，得意之情，溢于言表，还一个劲儿催促在场的每一个人都要讲讲自己经营公司的"秘诀"。

李经理面色难看，低头不语。其他人都冲着许孟挤眉弄眼，希望他不要再纠缠在这一个问题上，但许孟却不依不饶："兄弟，虽然你现在的公司经营情况很不好，但你不妨也说说你平时是如何经营的，我们到时候不这样做不就好了吗？"

无奈之下，李经理声称自己还有事情，中途离开了。后来，许孟感觉到李经理对自己的态度冷淡了许多。等李经理的公司转亏盈利，宴请亲朋时，唯独许孟没有接到请帖。两人的关系日渐生疏，到最后生意的来往也渐渐断绝了。

与人相处的时候要懂得退让，尤其是出现冲突和摩擦的时候，千万不要去触碰别人的禁区，固执地前行会为自己种下灾祸的种子。要学会退让，用好退让这个趋利避害的"法宝"，我们的朋友将越来越多。

第八章

孤傲之累

舍不得小我就得不到大我

　　在生活中，我们学会了人生的加法，总是想要让自己得到些什么。但是我们更应该学习的是人生的减法，要有所放弃，因为放弃是为了更好地选择。只有有所放弃，才会有所追求。

1. 舍弃高傲，虚心向人学习

无论我们取得多么高的成就，也千万不要骄傲自满，要懂得舍弃高傲的姿态，始终对人保持谦虚的态度。盛名之下的谦恭更值得尊敬。

世界上没有十全十美的人，或许有些人可能在文学上有所作为，或许有些人可能在学术上有所建树，或许还有些人在政治上闯出一片天地，但是，即使在某些领域上有极高的成就，也并不代表这个人就是完美的人，也不代表他们就有资格傲视群雄，俯瞰世界。

孔子曰，"三人行必有我师"，就是说几个人在一起，其中必定有人可以作为我们的老师，我们有很多东西需要向别人学习。像孔子这样的圣人，都能对人保持谦虚的态度，都能够不骄傲自满，又何况我们这些普通人呢？

但是，在生活中总会有些人自我感觉良好，总是认为自己比别人强，在与人交流的时候态度孤傲、言语尖刻。试想一

下，又有谁会喜欢和这样的人做朋友呢？这样的人又怎么会
受欢迎呢？

在春秋时期，有一位名臣叫晏子，在当时他的威望很高。他有
一个车夫，那个车夫因为给一代名相晏子驾车感到非常自豪。久而
久之，他滋生了骄傲自满的情绪，不把任何人放在眼里。渐渐地，
车夫的朋友都一个个地离他而去。

车夫的妻子知道丈夫的所作所为后，便对他说："你把我休了
吧，我和你过不下去了。"

车夫非常诧异，不解地问妻子："为什么？"

妻子说："你看晏子，虽然身高不足六尺却做了宰相，在
国家的威望那么高。人家有那么高的威望都没有那么高傲，
而你一个车夫有什么可高傲的？你不把任何人放在眼里，你
看看周围还有人愿意理你吗？我也不愿意和你这样的人生活
在一起了。"

听完妻子的话，又想起了自己平时那副高高在上的样子，车
夫感到非常惭愧，于是他改变了自己原来的样子。慢慢地，他的
朋友多了起来，妻子也不嚷着要他休妻了，而是安心地和他在一
起生活。

这位车夫越来越受人们的欢迎，后来晏子还推荐他为下大夫。

正是由于晏子的车夫开始不懂得谦虚，总是摆出一副高傲的姿态，不把任何人放在眼里，才会让周围的人觉得他很讨厌，结果朋友们都离他而去，到最后连他的妻子都要他休妻，这就是太过骄傲的结果。后来幸亏他悔悟得早，改了以前的坏习惯，慢慢地变得谦虚起来，才挽回了别人的心。

由此可见，孤傲的人往往让人厌恶，而谦虚的人让人尊敬。在现实生活中，无论我们拥有多高的成就，也无论我们拥有多高的威望，千万不要忘记谦虚，舍弃那些高傲的姿态，我们会更受欢迎，会有更多的人愿意和我们做朋友，我们会赢得更多人的尊敬。

扁鹊，春秋战国时人，他医术高超，还创造了望、闻、问、切的诊断方法，奠定了中医临床诊断和治疗方法的基础，在当时医学上的建树可谓是前无古人。

有一次，齐国的国君要封扁鹊为"天下第一神医"，然而扁鹊却坚决不受："大王，我并不是天下第一。我还有两个哥哥，我们都是悬壶济世的医生，而且长兄最好，中兄次之，我最差。"

齐王闻之稍感不解，问道："既然你的两个哥哥的医术都在你之上，为何此二人名不见经传，而你最出名呢？"

扁鹊谦虚地回答道："那是因为我长兄治病，是治于发作之前，在病人还不知道自己的病之前就已经把病根给除了，所以他的名声根本就无法传出去；而我的二哥治病，是治病于初起之时，大多数病人都认为他只能治一些小毛病，所以他的名气只是传遍了乡里；而我治病，是治于病危之时，一般人都会看到我把生命垂危的人挽救了回来，所以，起死回生、妙手回春的名声就传遍了全国。"

齐王非常喜欢扁鹊的谦虚，于是颁下谕旨，扁鹊可以随意出入王宫陪王伴驾，而百姓也因为扁鹊的谦虚更加爱戴他。

扁鹊在医学界取得了非常显著的成就，但是他却谦虚谨慎，从不居功自傲，正是因为如此，才会让齐王对他更加欣赏，才会让他随意出入王宫，让他陪王伴驾，百姓也因为他的谦虚而更加尊敬他，这就是谦虚的魅力。

在与人交往的过程中，要时刻记住，人外有人，天外有天。骄傲使人退步，谦虚使人进步，要时刻保持谦虚谨慎的作风。虚心向别人学习，谦虚对待别人，这样，我们才会拥有更多的朋友，才会赢得更多人的尊重。

2. 舍弃贪婪，学会知足常乐

人生最大的灾祸就是不知足，最大的过失就是贪婪，面对自己拥有的一切都不满足，拥有了还想拥有更多，这非常容易使人走向人生的极端。

俗话说，"人心不足蛇吞象"，在人的内心深处总是处于不满足的状态，无休无止的欲望让人在人际交往的过程中总是想从别人身上获得更多的东西，为了满足自身的欲望，不停地索取，最后导致自己众叛亲离、一无所获。

在一片茫茫的大海边上，有一栋破旧的茅草屋，在茅草屋里住着一对老夫妻，他们无儿无女，过着非常清贫的生活，老头每天都出海打鱼，早出晚归，而妻子则在家纺纱，赚些钱以贴补家用。

有一天，渔夫出海打鱼，他撒了好几网，可是，都一无所获，打上来的都是一些水藻。于是他决定再撒一网，要是还是什么都打不上来的话就回家。幸运的是，最后一网却让他打上来一尾美丽的金鱼。

更让人吃惊的是，这尾金鱼还会像人一样说话。它苦苦哀求渔夫说："老爷爷，我是大海里的海公主，我求求您放我回大海吧，我会报答您的。无论您有什么愿望，我都会帮您实现的。"

善良的渔夫经受不住金鱼的苦苦哀求，什么要求也没提就把金鱼放回大海里了。

渔夫的妻子在家纺纱，当她看到渔夫空手而归的时候，非常生气，她埋怨渔夫没用。渔夫听妻子数落完，把金鱼的事情和妻子说了一遍，谁想迎来的是更加严厉的指责。她说："你这个糊涂的老家伙，你怎么可以什么愿望都没提，你看我们家穷得什么都没有。你看看这个木盆，破得都没法补了，你就是要个木盆也好啊。"

老人禁不住妻子的一阵指责，无奈地走了出来。他来到大海边，对着大海喊："海公主、海公主……"没一会儿，金鱼浮出水面，渔夫羞愧地对金鱼说："我老婆把我骂了一顿，她想让我和你要一个新的木盆。"

金鱼说："老爷爷，你回家吧，我会帮您实现您的愿望的。"

渔夫刚到家，就看到自己家里多了一个又大又漂亮的新木盆。他心想，老婆有了这个新木盆该高兴了吧？谁知妻子看到新木盆，不但不高兴，反而骂他骂得更厉害了，她又想要一座新房子。

渔夫无奈地再次找到金鱼说出老婆的愿望。等他回到家，他们家果然出现了一座宽敞明亮的新房子。可是他的老婆依然不满足，她想要的越来越多，她让渔夫跟金鱼说，她要城堡官殿，还要当女王。

这些愿望都实现了，于是这位妻子更加穷凶极恶地对渔夫说："现在我要你去告诉那条金鱼，让它过来服侍我。"渔夫没有办法，又对金鱼说出了妻子的要求。渔夫妻子的贪婪惹恼了金鱼。金鱼没有答理渔夫，很快就消失在大海之中。

等渔夫回到家，城堡官殿都消失得无影无踪，新房子没有了，新木盆也没有了。他们又回到了原来清贫的生活，继续生活在破旧的茅草屋之中，而妻子还坐在房前用破木盆洗着衣服。

渔夫的妻子不能适时地控制住自己贪婪的欲望，被欲望蒙蔽了双眼，她不懂得凡事适可而止，见好就收，到最后落得一无所获的地步，又重新回到了清贫的生活。可以说，是欲望让她失去了自己原本可以拥有的一切。

生活中的智者懂得，每个人拥有的东西，无论是有形的还是无形的，没有一样是属于自己的，那些财物均为身外之物。智者控制着自己的欲望，遇事想得开、放得下，所以他们活得轻松，过得自在。

在这一点上，世界首富比尔·盖茨做得非常好。

"我只是这笔财富的看管人，我需要找到最合适的方式来使用它。"这是盖茨对金钱最真实的看法。他经常告诉那些向他求经的朋友："如果你认为拥有更多的金钱，便可享受到常人无法享受到的快乐，那你就错了。其实，每当一个人拥有的金钱超过一定数量时，它就只是一种数字化的财产标志而已，简直毫无意义。"

人要懂得知足，不要让贪婪的欲望蒙蔽了我们的双眼。知足地为人处世，你才会以更为洒脱的姿态去和人交往，才会有情趣去欣赏世界美好的一面，体会真正的快乐与幸福。如此你会发现自己拥有了更多。

3. 告别英雄主义，及时融入团队

> 在日常的生活中，善于与别人合作、依靠他人智慧的人，总是能够轻易地在人群中脱颖而出，既可以给团队带来帮助，又能够让自己走向成功。

有这么一类有着"英雄主义"情结的人，他们像狮子一样，能力超群，才华横溢，但他们干什么事情总是独来独往，不愿意和任何人合作，而且总是在人前摆出一副万事不求人的姿态。

　　的确，人人都想做顶天立地、万事不求人的大英雄，都想轰轰烈烈地大干一场，但是这是一个合作的社会，没有人可以完全脱离别人而单独完成一项工作。能力再强的人，如果坚持单打独斗的话，只会让人觉得很难接近，敬而远之。

　　在茫茫的非洲丛林中，狮子号称丛林之王，因为它们样子凶猛，体格强大，且爆发力好，天生就是做猎手的好材料，几乎没有任何动物能成为狮子的对手，所以它们肆无忌惮地在丛林里行走。

　　虽然狮子是天生的猎手，它们总能逮住猎物，可是它们却往往处于饥饿之中，因为它们捕猎的时候喜欢独来独往，不喜欢和同伴合作，所以每次它们捕猎归来的时候，总是被鬣狗把猎物抢走。

　　要是单打独斗的话，鬣狗根本就不是狮子的对手，可是鬣狗喜欢成群结队地出来活动，大的鬣狗群有数百只，小的也有几十只。它们很少自己猎食，总是等着丛林之王把猎物逮回来之后，它们再集体出动，从狮子的嘴里抢食。

　　虽然单个的鬣狗，狮子根本就不放在眼里，可是成群的鬣狗却让这位丛林之王望而止步。一番打斗后，它总是会败下阵来，最后只能捡一些鬣狗吃剩下的残羹冷炙来祭一祭自己的五脏庙。

　　在丛林中，狮子可以说是最强大的，可是却总是遭到鬣狗的欺凌，把自己辛辛苦苦捕猎来的食物拱手让给鬣狗。这是为什么呢？

不正是因为狮子喜欢单打独斗，而鬣狗喜欢和同伴团结合作吗？

随着社会的分工越来越细，我们越来越需要与别人合作才能把事情完成。这就更需要我们舍弃个人英雄主义，要懂得与别人合作。在与别人合作的过程中，也就是不断结交朋友的过程。

俗话说，"众人拾柴火焰高""一个篱笆三个桩，一个好汉三个帮"……这些耳熟能详的俗语也都在告诉我们：没有人可以完全脱离别人而存在，只要学会与他人合作，才能更好地完成想做的事情，"1+1>2"。

井深大刚加入索尼时，索尼老板盛田昭夫将他安排在最重要的岗位上，全权负责新产品的研发。井深大刚整天把自己关在办公室里，大量地阅读技术文件，制作图纸。尽管他很有能力，但结果不甚理想。

"这项工作绝不是靠一个人的力量就能做好的，"根据多年的工作经验，井深大刚得出了结论，"对了，我怎么光想自己？不是还有二十多个员工吗，为什么不融入这个集体，虚心向他们求教，为了公司和自己的前途跟他们一起奋斗呢？"

随后，井深大刚找到销售部的同事，请教公司产品销路不畅的原因。同事告诉他："我们的磁带录音机之所以不好销，一是太笨重，二是价钱太贵。所以，新产品最好轻便、价格低廉。"井深大刚点头称是。

　　紧接着，井深大刚又来到技术部，同事告诉他："目前美国已经开始采用先进的晶体管技术作为生产收音机的核心技术，这种新技术不仅可以极大地降低成本，而且可以让产品非常轻便而且耐用。我们建议您在这方面下功夫。"听到这里，井深大刚大喜。

　　在研制新产品的过程中，井深大刚又和生产工人团结起来，精诚合作，终于一同攻克了一道道难关，试制成功日本最早的晶体管收音机，并一举成功！而井深大刚本人也在众人的一致好评中，被任命为索尼公司的副总裁。

　　井深大刚的成功故事，让我们认识到一个真理：在经济全球化迅速发展的今天，无论我们有多大的能力，都不能怀着个人英雄主义单打独斗；只有与人合作，才有可能最大化我们的自身利益。

　　因此，在现实生活中，你要想获得别人的认可和欢迎，要想取得一定程度上的成就，那么就赶快挥挥手告别你的个人英雄主义吧，及时地融入团队，学会及时地从"能干的人"到"团队伙伴"，开启"1+1>2"的新世界！

4. 跳出自卑的旋涡，时时表现自信

自信是一种力量，就好像一根高大的柱子，能撑起我们精神领域的广阔天空。就像 19 世纪的思想家爱默生所说："相信自己'能'，便攻无不克。"

我们每一个人都会有不如别人的时候，或者会遇到各种各样的困境和挫折，有的人会因此掉入自卑的"旋涡"，固执地认为自己低人一等，因此萎靡不振，不懂得主动地和别人去交往，这是交际场上的大忌。

大学入校后，学校开展了一次摸底考试，夏欣因为过于紧张，假期又疯玩了两个月，高中知识有些模糊不清了，所以成绩不是很好。"啊！我入校成绩不是班里第五名吗，现在怎么成二十三名了？"

老师公布成绩的时候，夏欣真想找个地缝钻进去，她觉得自己不如别的同学，因此封闭了自己的内心，不与其他同学交朋

友，更严重的是她还开始自我质疑，自卑心理越来越重，越发显得不合群了。

经过了几年的寒窗苦读，夏欣拿到了毕业证书。但是由于她的自卑心理，在大学的四年里，她也没有交到什么朋友。找工作时，因为她的自卑心理让她沉默寡言，不懂得如何和别人交流，始终找不到一份合适的工作。

好不容易进入了工作岗位，夏欣发现身边高学历的人非常多，她觉得自己学历低，是个处处不如别人的失败者，就更加沉默寡言了，很少和公司的人说话，整天愁眉不展、唉声叹气，没有一点自信劲儿。

在人与人交往的过程中，最忌讳的就是自卑。自卑不但会让自己无法主动地和别人去交往，而且还会让别人因为我们的自卑而产生反感，从而远离我们。试想，如果连我们自己都瞧不起我们自己，那么还会有谁瞧得起我们呢？

上帝是公平的，其实每一个人都是在同一条起跑线上，这个世界上没有永远的成功者，谁都有遇到不如意、困境和挫折的时候，只是有些人能够舍弃自卑心理，跳出自卑的旋涡，获得自信，信心满满地去和别人交往，积极主动地去和别人交流，最终取得了辉煌的成就。

马桦是一个命运多舛的女人，谁都不知道刚过而立之年的她曾历经了多少的坎坎坷坷。然而，这个文静、清秀的女人却永远都保持着自信的微笑，也找到了属于自己的幸福。

马桦出生于一个偏僻的山区，而且是山区里的贫困人家，整日吃着玉米面粥，穿着补丁落补丁的衣裳。但她从来不因此而自卑，总是微笑着与同学们一起学习、玩耍，当时她立志要靠自己改变命运，走出那片大山。

辛苦读书十几年，成绩优异的她终于考取了上海一所不错的大学。但是就在四处奔走凑齐了学费的几天后，积劳成疾的父亲去世了。这个变故使得马桦不得不放弃了读大学的打算，她用瘦弱的身躯背起了简单的行李，来到了上海，在非常偏僻的城边上租了一个矮矮的小平房，从此她过上了一边自学一边打工的生活。

后来，马桦通过了某大学成人教育课程的毕业考试，她优秀的工作能力也获得了上司和同事的肯定，被提拔为小组组长。而且，她的坚强、自信，吸引了一位非常优秀的男士，两人喜结连理。现在马桦生活得有声有色。

虽然马桦各方面的条件都不如别人，但是她没有因此而瞧不起自己，也没有掉入自卑的旋涡之中，而是自信满满、积极主动地去和别人交流，正是她的这一份自信吸引来了更多朋友的好感和支持。

　　自信是一个良性循环。如果一个人总是能够跳出自卑的旋涡，时时表现出足够的自信，信心满满地去和别人交往，那么别人就会认同他的自信和价值，这就积累起了越来越多的资源！

5. 改变不了环境，就改变自己

　　舍弃自己原来的样子，才能迎来一个全新的自己。人不能改变环境，那么就改变自己。

　　我们先来看一个故事。

　　在遥远的高山上，有一条小小的河流，它一直在寻找大海。经过了很多个村庄与森林，越过了重重的障碍之后，小河来到了一个沙漠。

　　当小河决定越过这个沙漠的时候，它发现它的河水渐渐消失在泥沙当中。它试了一次又一次，总是徒劳无功，它颓丧地自言自语："也许，这就是我的命运了，我永远也到不了传说中那个浩瀚的大海。"

这时候，沙漠发出一阵低沉的声音："如果微风可以跨越我的话，那么小河流也是可以的。"

小河流很不服气地回答说："那是因为微风可以飞过沙漠，可是我却不会飞，我是一步一步走过来的。"

"如果你坚持你原来的样子，那么，你永远都无法跨越我。"沙漠用它低沉的声音说。

"那我应该怎么办呢？"小河流问道。

沙漠严肃地说："小河流，只要你愿意舍弃你现在的样子，让自己蒸发到微风中。微风就会带着你飞过我，到达你的目的地。"

"舍弃我现在的样子，然后消失在微风中？不！不！那不等于是自我毁灭了吗？"小河流无法接受这样的概念，毕竟它从未有过这样的经验。

"微风可以把你的水汽包含在它之中，然后飘过沙漠，到了适当的地点，它就会把这些水汽释放出来，于是你就变成了雨水，又会形成河流，继续向前进。"沙漠很有耐心地回答。

"这是真的？那我还是原来的河流吗？"小河流问。

沙漠回答："不管你是一条河流或是成为看不见的水蒸气，你内在的本质从来都是不会改变的。"

于是，小河流鼓起勇气，投入到了微风张开的双臂，消失在微风之中。在微风的带领下，小河流越过了沙漠，然后又变成雨水，融会成河水……奔向它生命中永恒的归宿。

这个故事说明了什么呢？相信你已经心中有数了。

竞争是激烈的，现实是客观存在的，对于这些外在的条件，我们真的很难改变。要想不被淘汰，长期地存活下去，需要有舍弃自己现在样子的勇气，只有暂时舍弃自我、改变自己，我们才有可能迎来新的惊喜。

比如，每一个公司都有自己的规章制度，老板只有一个，员工却有几十个，甚至几百个、几千个，而每个人的工作方法又都不相同，若要老板来适应员工是不太现实的，所以，我们就应该去适应公司的规章制度。

改变不了环境，也不肯改变自己的人，势必会与周围的环境、周围的人出现格格不入的情况，如此又怎么能赢得别人的好感和认可，又怎么可能创造一个友好的人际关系呢？结果恐怕是会把自己推入一个窘迫的境地。

晓芸是一个性格比较内向的女孩，大学刚刚毕业后，她希望找一个文员、文秘之类的内勤工作。晓芸长相甜美、彬彬有礼，面试时的表现非常好，总经理很是满意，将她聘用为自己的助理。

对于毕业生而言，在一家市重点企业做经理助理是一项人人艳羡的工作，但晓芸没上班几天就想辞职了。因为她发现公司同事有点你争我抢，竞争非常激烈，她非常怀念大学时代那种单纯的人际关系，对同事们总是敬而远之。

在同事们看来，晓芸这是一副居高临下的姿态。他们心里很不平，因此私底下经常聚在一起抱怨："她不就是一个新人嘛，刚来才几天啊，就想在我们头上作威作福。""她一个刚毕业的小丫头居然一来公司就当上了经理助理，你们说她会不会是走关系进来的？"

这些话传到了晓芸耳朵里，她气愤地告诉了总经理。

总经理说："晓芸啊，你各方面的能力还是不错的，这正是我当初聘用你的原因。但是，你平时怎么不爱和同事们多沟通呢？要知道，你在公司是上传下达的关键，不沟通哪成啊，这会造成公司员工之间的误会的。"

晓芸也不绕弯子，和盘托出："因为咱们公司是按照业绩给薪水的，我觉得同事之间经常为了一个单子你争我抢的，我不喜欢这种关系。我更喜欢在学校的时候，你让着我、我让着你的关系。"

总经理说："现在整个社会竞争激烈，每个公司都在你追我赶的，同事之间存在竞争关系也是很正常的。你是经理助理，和他们不存在多大的竞争关系，但是也要做好平时的沟通工作，比如和他们打打招呼、一起吃吃饭等。"

晓芸没有一点回旋余地地说："那也不行。"

总经理说："这是你分内的事情，你不做，我要你来做什么？"

晓芸说："我不会改变自己。如果你接受不了，我只好辞职。"

本来总经理打算原谅晓芸这一次，可见她这么说也就无话可说了，只得和晓芸终止了劳务合同。

在踏上工作岗位的那一刻起，晓芸就已经不是学生了，不可能要公司按照校园的方式来发展。但是她却不肯改变自己，不能快速做到角色转换，太过于学生气，对一些自己看不惯的事无法接受，结果失去了很好的工作。

学着舍弃自己原来的样子吧，这样你才能迎来一个全新的自己，才能获得新的惊喜，即使这是一个非常痛苦的过程。

舍弃自己原来的样子，不是让自己适应所有的事情，随波逐流；舍弃自己原来的样子，不是舍弃自己的原则；舍弃自己原来的样子，不是妥协，而是让自己有更多的平台、更多的机会来实现自己的理想。

舍弃原来的样子，你会发现路还是原来的路，境遇还是原来的境遇，但路和境遇所给予我们的感受截然不同了，我们的选择也变得多样而灵活起来了，有一种"柳暗花明又一村"的惊喜感。

达尔文说"适者生存"，一旦发现自己和周围的世界格格不入的时候，为了以后自身有更好的发展，不要固守着自己的样子，学着舍弃吧。记住这句话：如果你改变不了环境，就改变你自己！

6. 不被经验所束缚，"原创"你的人生

经验不是万能的，不是时时都能奏效的，有时也会把我们带入死胡同。

在生活中，你是否总在抱怨自己的怀才不遇，抱怨自己不被别人接受和认可呢？如果是，那么，你有没有想过这一切不幸是因为自己被一种常规的思维习惯束缚了心智，偏执地认为经验不会犯错，习惯按照经验为人处世？

某著名跨国公司刊登出了一条招聘营销经理的信息，待遇高、发展好，众多的求职者很感兴趣，他们纷纷前来这家公司应聘。经过一轮激烈的初试之后，只剩下了三名应聘者，可是公司只能录取一个。

思考了一段时间后，负责招聘工作的负责人说："为了能选拔出高素质的营销人员，我们出一道实践性的试题，七日为期，向周围山上庙里的和尚推销木梳。"

面对这样的试题，三位候选者甲、乙、丙感到困惑不解："和尚无发，买梳何用？"但是他们都没有放弃这次应聘机会，便带着梳子上路了。

七日期到，三个人都回来了。

经理问甲："你卖出多少梳子，是怎么卖出去的？"

甲有些失望地回答说："我只卖出一把。我去寺庙里推销梳子，那些和尚以为我是羞辱他们，便生气地把我赶了出来。在下山途中，我看到一个小和尚在挠头，赶忙递上了木梳，小和尚用后便买下一把。"

经理没有说话，又问乙："你卖出多少梳子？"

乙有些得意地回答："我卖了五把。"

经理嘴角弯了一下，问道："为何能卖出五把梳子给和尚呢？"

乙解释说："我去了一座名山古寺。由于山高风大，进香者的头发都被吹乱了。于是，我找到了寺院的住持，和他说蓬头垢面是对佛的不敬，应在每座庙的香案前放把木梳，供善男信女梳理鬓发。住持采纳了我的建议，那山共有五座庙，于是卖了五把木梳。"

经理又问丙："那么，你卖了多少梳子？"

丙淡淡地回答："五百把。"

经理惊问："怎么卖的？"

看着经理和甲、乙惊讶的表情，丙慢慢道来："我来到一个颇具盛名、香火极旺的深山宝刹，朝圣者如云，香客络绎不绝。我对住持说凡来进香朝拜者，都有一颗虔诚之心，不如赠送木梳，意为理清世间纷乱。住持大喜，立即买下五百把木梳。"

经理听完，不禁拍手叫好，当场和丙签下了就业合同书。

和尚没有头发，哪会需要梳子呢？根据这样的固有经验，相信很多人都会做出这样的判断，因此甲、乙两人很难卖出梳子。可是丙不一样，他没有被这样的旧经验束缚，而是另辟蹊径，想出了一个寺庙赠送梳子的办法，问题得到了很好的解决，他也因此获得了众人的钦佩和欣赏。

进一步说，人们所谓的经验就是真理吗，就是不可改变的吗？显然不是。人类发展到现在阶段，在几千年的历史中，有太多的谎言被揭穿，有太多的谬论被指正，所以，舍弃经验的束缚是必要，也是必需的。

世界上生产的第一台电扇是黑色的，之后代代相袭形成了一种惯例，人们的大脑中也就形成电扇是黑色的这一概念。1952 年，日本东芝电器公司积压了大量的电扇销售不出去，公司高层上司为了打开销路想尽了一切办法，可惜进展仍然不大。

这时，一个最基层的小职员也在绞尽脑汁地想办法。一天下班回家时，他看到街道上有很多小孩拿着五颜六色的小风车在玩，就向董事长石坂先生提出了自己的创意："美丽的色彩转起来一定很美妙。"

　　石坂先生很重视这位小职员的建议，还特别召开了董事会，最后经过研究公司采纳了这个建议，组建了专门的研究小组，并发明了一系列的彩色电扇，将单调乏味的黑色电扇取而代之。

　　第二年，东芝公司的这批彩色电扇一经推出立刻在市场上掀起了一阵抢购热潮，几个月之内就卖出了几十万台，东芝公司也一下子摆脱了困境，效益更是成倍增长，名声大振。当然，该职员也得到了重重提拔，还拥有了公司的股份。

　　在别人眼里，电扇就是黑色的，该职员没有被这种经验束缚，另辟蹊径，想着电扇是不是也可以换成彩色的，这正是他成功的原因。试想，如果他人云亦云，继续坚持着以前的经验，恐怕永远也成不了大气候。

　　约翰·洛克菲勒是美孚石油公司的创办人，是一位有名的亿万富翁，他曾这样说过："如果你想成功，你应该辟出新路，而不要沿着过去的老路走；如果想让我们的好运连连，我们必须要去开创新事业……"

　　舍弃原有的经验，不被经验束缚，我们才可能想他人所未想，做人之所未做，"原创"自己的人生。这一点，不是谁都能够做到的。如果你做到了，你就已经获得了与众不同的能力，同时你将获得更多人的欣赏，成功也就不是一件难事。

第九章

计较之累

舍不得吃亏就得不到幸福

在与人交往时，我们无法做到绝对公平，总会有人
吃亏。做人要舍得让，把好的让给别人。吃亏得福，吃
小亏得小福，吃大亏得大福。

1. 吃亏是福

清代著名书画家郑板桥，在写过"难得糊涂"之后又写了一个著名的字幅"吃亏是福"，就是要告诉世人：我们在与人交往的过程中要能吃得了亏，不能过于计较个人眼前的得失。

在生活中，一个能够吃亏的人，往往有着更远大的志向。他们不沉陷在争斗中斤斤计较，也不局限在狭隘的自我思维中。

郑板桥被誉为"扬州八怪"之一，他心胸宽广大度，能够做到不以物喜，不以己悲。他的诗、书、画艺术精湛，号称三绝。他在创作过程中能把诗、书、画三者巧妙结合，独创一格，从而达到了一种全新的艺术境界。这让他在精神上有所寄托，心情豁达而开朗，而且还结交了很多朋友。

这一切都源自他舍得"吃亏"。在官场上，他非常爱护百姓，曾经因为在灾荒之年为灾民赈济而触犯了上司，最后被罢官回乡。可是，郑板桥并没有因此而和上司斤斤计较，也不为官场失意而闷闷不乐，而是骑着驴悠然回到故乡，从此专注于诗、书、画。后来他因书画而闻名于世，很多人为了他的墨宝而登门造访，这些人中也包括他昔日的上司，而最终他也和上司成为了朋友。

在生活和工作中，收获与付出相伴而行，却不可能总是对等，自然会有得有失，既不会有全得，也不会是全失，而是得中有失、失中有得。吃亏则是收获与付出之间的平衡，是得与失中的理性。

郑板桥因为灾荒之年为灾民赈济在官场上吃了亏，但他并没有计较这样的亏，而是专心于自己的书画，从而让自己在书画上扬名于世，得到了世人的尊敬，与其说是吃亏，还不如说是占了便宜。

在现代的工作和生活中，"吃亏是福"更是尤其适用。克林顿在面对个人名誉的得失时，曾说过："如果我每读一遍对我的指责，就做出相应的辩解，那我还不如辞职算了。如果事实证明我是正确的，那些反对意见就会不攻自破；如果事实证明我是错的，那么即使有十位天使为我辩解也无济于事。"由此可见，"吃亏"往往不是真的有损于己，更多的只是一种工作态度。

"吃小亏，可以获大利。"国外某知名品牌在武汉办事处主任伊森总结自己多年的工作经验时，得出了这样一个结论。当年，他和三个朋友进入了同一家公司工作，现在他是他们的上司。

和许多大企业一样，伊森所在的公司分工精细，每个人只完成一个细节就可以了。由于对于本细节之外的领域完全没有机会接触，员工在公司工作久了，就会遇到接触面狭小、平台太窄的问题。

为了得到更多的锻炼，伊森本着"吃亏是福"的信念，在完成自己的本职工作后，对自己部门的其他工作也非常尽心尽力，总是主动找事情做，巴不得加入到每一个环节的工作之中，甚至还主动要求为其他部门加班，他说："我还主动给设计部的女同事买汉堡包，以此'贿赂'她们让我们加入。"

这个时候，其他人认为伊森太傻了，工资就那么点，凭什么要给公司做这么多的工作呀，他们宁愿把更多的时间用在看电影、玩游戏上。渐渐地，伊森如愿以偿地学到了自己想接触的东西，而且还赢得了上司的青睐。如今，伊森的年收入已经达到了七位数，而其他人生怕吃亏，总是上班混点下班娱乐，到现在仍然还在过着和当年差不多的生活。

初入职场，伊森化被动为主动，愿意主动承担起更多的工作，多帮助别人完成他们的工作，这样看起来他是吃亏了，但是他却学到了全面的技术和更多的经验，而且还赢得了同事的爱戴，最终转"亏"为"福"。

因此，在社会交往中，在顾全大局的前提下，我们不要再斤斤计较，更不要患得患失，吃亏一下也无妨，这样既丰富了自己，又赢得别人更多的尊重，进而在交往的过程中更加如鱼得水，何乐而不为呢？

2. 把好处让给别人

在生活中，当我们要付出的时候，把好处让给别人。虽然我们会有吃亏的感觉，但是我们不要灰心，因为你损失的只是眼前暂时的利益，换来的却是无尽的友情。

在现实的生活中，总是有些人不肯吃一点亏。在他们眼里，吃亏是一种被人利用的表现，而永远不吃亏才是好的事情，是上天的恩赐。因此只要一见到好处，他们就巴不得将好处全部都占为己有，一见到坏处就恨不得全推给别人。这样的人是很难交到朋友的。

传说，有一对十分要好的朋友，他们决定利用假期进行一次旅行，于是两人收拾好之后就出发了。他们高高兴兴地走了好长时间，突然在路上遇见了一位白发老者。这位老者说："两位年轻人，我是天上的神仙，见到你们非常高兴，我给你们准备了一个礼物，如你们当中的一个人先许愿，愿望就会实现，而另一个人就可以得到那愿望的两倍！"

听完，他们两个人心里都开始算计起来。其中一个人心想："我已经知道我想要许什么愿，但我不先说。如果我先许愿，他就能够得到双倍的礼物！这样对我来说太不公平了，一定要让他先讲！"

而另外一个人盘算着："我怎么可以先说出愿望，让他获得加倍的礼物，那我岂不是很吃亏？"于是，两个人互相推来推去谁也不肯先许愿。

两人推辞了半天，其中一人生气地说："真不知好歹，你要是再不许愿的话，我就把你掐死！"

另外一人听到这样的话，心想："怎么好友居然变成这个样子，既然你这么无情无意，就别怪我心狠手辣了。"于是，这个人心一横，狠心地说道："好吧，我先说出愿望！我的愿望就是，我希望自己的一只眼睛马上瞎掉！"

他的眼睛马上瞎掉了一只，而与他同行的好朋友的两只眼睛都瞎掉了！

这两个人就是因为谁也不肯把好处让给对方，谁也不肯吃亏，结果两个人的眼睛一个瞎了一只，另一个的都瞎掉了。他们不但无法再继续他们的愉快之旅，而且也失掉了最宝贵的情谊。此后，两人的生活恐怕就只有黑暗和痛苦了。

事实上，在生活中，如果我们肯把一些好处让给别人，那么我们会赢得更多的朋友，给自己的人脉存折增加份额。而且，我们把好处让给别人，别人也会投之以桃报之以李，有什么好处也会让给我们。

塞翁失马，焉知非福，说的就是这样的道理。

春秋时期吴国人季札是一位非常贤德的人，他气宇非凡、远见卓识，在与人交往的时候，他总是不计较个人的得失，把好处让给别人。在《史记》里，司马迁赞美季札是一位"见微而知清浊"的仁德之人。

季札是吴王寿梦的四子，当初寿梦觉得四个儿子当中，季札的德行才干最足以继承王位，所以一直有意要传位给他。但是季札认为自己上面有三个哥哥，始终不肯受位，坚持把王位让给了哥哥，其厚德感动了吴国人。

有一次，季札奉命出使徐国，顺便到老朋友徐君的家中拜访。他随身带着一把非常精美的佩剑，是吴国国君为他出使而特意准备的。徐君非常喜欢他的佩剑，可是又不好意思开口。季札看在眼里，记在心里。

　　出使任务完成以后，季札因一直记得徐君喜欢这把佩剑的事情，便打算将之送给徐君。可是事与愿违，还没等季札回来，徐君就暴病身亡了。季札非常悲伤，于是就把那把佩剑放在徐君的墓前。

　　随从非常奇怪地问季札："徐君已死，你做什么他都不知道了，你又何必浪费一把剑呢？"

　　"这不是浪费，"季札回答道，"徐君在世时，十分喜爱这把剑，我当时就想等我出使任务完成以后送给他。虽然他去世了，现在已经看不到这把佩剑了，但是我也一定要把剑送给他。"

　　这件事慢慢传开了，大家都认为季札是个重情意的人，于是楚、徐等国的很多贤能之士都不远千里来和他结交。他们和吴国人一样将季札如同众星捧月般拥戴着，虽然季札无君王之名却有着君王般的待遇。

　　徐君人已经死了，季札完全可以不牺牲那把剑，但是他并没有那么做，仍然还是把剑送给了徐君。表面上来看季札是吃亏了，但是他把好处让给了别人，却因此而得到了许多贤能的朋友。损失了一把剑换来了很多的朋友，值！

　　在生活中，我们一定要做聪明的人，千万不要吝啬，要懂得吃亏，舍得把好处让给别人。只有这样，我们才会获得别人的尊重，拥有更多的朋友。

3. 变 "被动吃亏" 为 "主动吃亏"

"吃亏"有两种，一种是主动吃亏，一种是被动吃亏。

"被动吃亏"是指在未被告知的情形下，别人占了自己的便宜，被动的吃亏是没有底线的。也许你不太情愿，但形势如此，也只好用"吃亏就是占便宜"来自我宽慰。

而"主动吃亏"指的是主动去争取"吃亏"的机会，这种机会是指没有人愿意做的事、困难的事、报酬少的事。这种事因为无便宜可占，因此大部分人不是拒绝就是不情愿，你主动承担了，自然会受到人们的感激和钦佩。

在生活中，我们也常常听到一些老人教育后生晚辈说："不要总想着占别人的便宜，在别人面前主动吃一些亏，会让你们收获更多。"然而，一些后生晚辈却是对此充耳不闻，左耳进右耳出，结果导致自己在人际关系中四处碰壁。

下面，我们来看一个例子。

卡米尔是一家汽车公司的网络编辑，她这人最害怕的就是吃亏，尤其是在工作上。做完自己的工作后，她宁可坐着休息也不肯帮帮周围忙得晕头转向的同事们，下班她比谁都走得早，这让同事们很不喜欢她。

有一天下午，公司要发紧急通告信给所有的营业处，而公司的文员又请假，所以办公室主任抽调了一些员工协助，卡米尔就在此列。卡米尔对此很不以为然，认为这不是自己的工作，做了岂不是吃亏了，便有些不高兴地说："凭什么要我去？再说了，我到公司来不是做套信封工作的，我不做。"说完她依然准点下班走了。

听了这话，办公室主任面带不悦地抱走信封带着其他人整理去了。可以想象，热火朝天的加班场面中，只有卡米尔的位子是空的，这让同事们心里很不平，把平时对卡米尔的怨言通通一吐为快，而这些话恰巧被经理听到了。

第二天，卡米尔被叫到了办公室，经理很认真地说："既然帮同事做一些事情，帮公司处理一些事务，你会觉得自己吃亏了，那么请你另谋高就吧，我们这里不欢迎你！"卡米尔就这样失去了工作。

拿破仑·希尔曾经说过："自觉自愿是一种极为难得的美德，它能驱使一个人在不被吩咐应该去做什么事之前，就能主动地去做应该做的事。

鉴于此，你不要不肯吃亏，从而被动地吃亏，而要发扬主动率先的精神，变"被动吃亏"为"主动吃亏"。这样，我们虽然吃了亏，但是却拥有了更多的朋友，人际关系会变得更好，我们的收获会更多。

吃亏是福，吃小亏得小福，吃大亏得大福，学会主动去吃亏吧，我们又何必为了一点小的利益而和别人斤斤计较呢？这样不仅得不到利益，而且显得我们太没有风度，这岂不是捡了芝麻丢了西瓜？

在朋友面前，我们只有主动吃亏，才会让朋友认为我们是个宽宏大度的人，而不是斤斤计较的人。那么，日后别人在我们面前也会主动吃亏，不和我们斤斤计较，这样我们和朋友之间还会有什么摩擦和矛盾呢？

陈轩与文硕是多年来的邻居。有一天夜里，陈轩想要自己家的院子更宽敞一些，于是偷偷地将隔开两家院子的篱笆墙向陈家移了五尺。当他在移墙的时候，正好让文硕给看到了，但文硕没有说什么，更没有声张。

等陈轩回到自己的屋里后，文硕将篱笆墙又往自己这边移了一丈，使得陈轩的院子更宽敞。当陈轩知道后，觉得非常惭愧，于是他向文硕道歉，不但还了占文硕家的地，而且还将篱笆往自己这边移了一丈。

因为文硕主动把篱笆墙往自己这边挪了挪，在陈轩面前主动吃亏，结果让陈轩在惭愧之余，又很感动。以后，文硕家里有什么事情，陈轩都会主动上门帮忙。最后两家将篱笆墙拆了，关系比以前更加和睦了。

正是由于文硕的主动吃亏，才让陈轩感到非常地惭愧和感动，他觉得欠了文硕一个人情，不但将地归还了文硕，而且文硕家里无论有什么事情他都会主动帮忙。这样，两家的关系不仅没有因为此事变坏，反而更好了。试想，如果文硕看到陈轩偷偷地往自己这边移院墙，自己也把院墙再挪过去，或者和陈轩讲理，甚至大打出手，那么他们之间的关系还会那么和睦吗？

在朋友面前，我们吃点儿亏，是值得的。主动吃亏，主动把利益让给朋友，哪怕日后我们会一无所获，但最起码我们获得了友谊，和那些身外之物比起来，我们还是收获很多。

4. 细水长流，不做一锤子买卖

只看重蝇头小利，自己的路就会越走越窄。

当我们在与人合作做生意的时候，不要斤斤计较，不要吝啬自己的利益，要懂得吃亏，因为只有能够吃亏，才能让我们得到更多的利益，才能为我们赢得更多的合作伙伴，也能够让我们的事业越做越大。

在现实生活中，如果我们总是盯着眼前的利益不放，认为能赚一块是一块，只要有利益就据理力争，迫不及待地跳出来占有它，那么别人在与我们合作一次之后，就再也不会想与我们继续合作了，最终导致我们的合作伙伴一个个离我们而去，到头来往往只是一锤子买卖，还会让自己的路越走越窄。

金华建筑公司急需一大批黄沙，与剑锋建筑材料公司签订了一份合同，合同规定金华建筑公司向剑锋公司购买黄沙 30 车，每吨 300 元。让他们万万没有想到的是，合同签完不久，黄沙就涨价了，从每吨 300 元涨到每吨 350 元。

剑锋公司的老板认为按合同的规定发货，那么公司就不能赚取更多的利润，于是他要求金华建筑公司提高价格。但是，合同已经签订，金华建筑公司当然不同意涨价，强烈要求依然按照每吨 300 元发货。

可是，剑锋公司的老板不肯吃亏，他开始从车上打主意，以获取公司最大的利益。他发现在合同中只写明 30 车黄沙，但是并没有写明是什么型号的车和每车的黄沙重量。按照行规，合同中的"车"普遍是以大型卡车作为计量单位，每车 10 吨黄沙。于是剑锋公司钻了合同的漏洞，剑走偏锋，用小型卡车为计量单位给金华公司发了货。

由于合同规定不明，所以金华公司没有办法，只好认栽。但是，剑锋公司在行业内也因此而"成名"，行业里所有人都知道剑锋公司为了不吃亏居然破坏合同，所以都与之断绝了合作关系。很快，剑锋公司就倒闭了。

在事例中，刚签完合同黄沙就涨价了，按说合同已签，剑锋建筑材料公司就应该按照合同办事，但该老板不舍得吃眼前亏，一会儿要求金华建筑公司提高价格，一会儿又在卡车型号上动心思，结果得罪了客户，让自己在行业内臭名昭著，影响了以后的生意。剑锋公司的倒闭不足为奇，甚至可以说在情理之中。为了多赚一点钱，弄得名声败坏、众叛亲离，剑锋公司真是因小失大！

虽然经商的目的是为了赚钱，但是如果眼睛总是盯着眼前的利益不放，那么我们就会因为一些眼前的蝇头小利而得罪客户，也会因此而阻断我们的人脉，切断我们的财源。

为什么不学着吃亏呢？面对眼前利益的时候，不妨多让让对方。要知道，即使我们一次挣再多的钱，也不如上百次挣少一点的钱，积少成多，细水长流。

中国的温州商业非常发达，温州商人有着非常聪明的头脑和非常特别的经营生意之道。在他们看来，做生意看重的是长远，钱是赚不完的，要舍得眼前利益，能够吃亏，为自己留下良好的口碑和信誉。

当温州人在和别人做生意的时候，如果他们能赚十块钱，他们就赚六块钱，剩下的四块让利给对方。这样，当别人有什么生意的时候，首先就会选择和他们合作。与他们合作的人越来越多，他们的利润也就能积少成多。

温州人的思维和一般人不一样，他们愿意自己主动吃亏。而往往就是因为他们的吃亏，因为他们的让利，所以才结交了朋友，成就了他们自己。

我们在生活中也是一样，我们不能因为眼前的蝇头小利而不肯吃亏，我们应该把眼光放长远，暂时吃一下亏。从长远来看，这样我们保住了自己的人脉，保住了自己的财源，并没有损失，还会因此而受益。

　　改革开放之初，商品流通还比较落后。陈正光和两个朋友到了宁波把买好的东西装上轮船以后，突然碰到一个自称是桃花岛的人，他说他现在有非常好的鱼干。这时陈正光他们手里还剩下几万元钱，于是就决定从他那儿进货。

　　陈正光他们把所有的鱼干都买了下来，一共四千多斤，钱付完后陈正光突然觉得分量不够，于是就重新称了这些鱼干，结果本来四千多斤的鱼干只有一千九百斤。一次生意就被人骗了两千多斤，两个朋友无法接受，但是陈正光却想得很开。

　　后来，陈正光再次进货的时候，又遇到了那位自称是桃花岛的人，他继续从他那里进货，却绝口不提上次吃亏的事。那个人非常感动地说："我上次称错了，让你们吃了那么大的亏，真是不好意思，这次我给你补回来。"

　　后来，他们成为了长期的合作伙伴，有什么新的物品时，这个人总是第一个告诉陈正光。由于有最快的讯息，陈正光的每一笔生意都能挣到钱，事业越做越大，最终成为了宁波大世界集团有限公司的董事长。

　　在生意场上，有时候我们就是要难得糊涂，重视长远发展，在利益面前不要过于斤斤计较，舍得吃眼前亏，那么，就会有更多的人愿意与我们长期合作，这样的买卖也就绝对不是一锤子买卖。

当今社会，当我们与人合作的时候，我们也应该糊涂一点，对待别人不要那么精明，要保持着一个吃亏是福的心态，不在乎吃眼前亏。只有我们舍得吃亏，才会有更多的人愿意和我们打交道，才会愿意和我们交朋友，我们将获得一个好的人际关系，在社会上也就能更好地立足了。

5. 吃亏"吃"出福气来

也许有人会说，吃亏应该只会让人压抑，但其实有的时候，吃亏也能够吃出福气。

这是因为，不能吃亏的人在是非纷争中过于精明，锱铢必较，只局限在"不亏"的狭隘的自我思维中，这种心理会蒙蔽他的双眼，束缚他的心灵自由；而吃亏换来的是心灵的平和与宁静，那无疑是获得了人生的幸福。

在东汉时期，有一个很有名的官员叫甄宇，任太学博士。他为人忠厚，遇事谦让，人缘非常好。

有一年年底，马上就要过年了，皇上赐给群臣每人一只番邦进贡的活羊。当具体如何分配时，大家都犯了愁：因为这批羊有大有小，肥瘦不均。任谁也不愿意要那个又瘦又小的羊，所以很难分发。

于是，大臣们纷纷出谋划策：有人主张把羊杀掉，肥瘦搭配，人均一份；有人主张抓阄分羊，好坏全凭借天意。于是大臣们就如何分羊而在朝堂上像无头苍蝇一样炸开了窝。大家你一言我一语，七嘴八舌争论不休，即使这样也没有争论出个结果。

这时，甄宇说话了："分只羊有这么费劲吗？我看大伙儿随便牵一只羊走算了，我先来牵一只吧。"他走近羊群，左瞅瞅，右看看。有人心里犯了嘀咕：这家伙肯定要挑一只又大又肥的。结果，出人意料的是，甄宇瞅了一会儿，牵了其中最瘦最小的一只，然后潇潇洒洒地回家过年去了。

见甄宇如此肯吃亏，大家你看看我，我看看你。那些不计较的人也像甄宇一样，牵起较小的羊便走；那些想计较的人也不好意思争执了，反而你谦我让起来，最后，每个人都高高兴兴地牵着一只羊回家去了。

甄宇牵小羊的事情传到了当朝皇帝的耳中，他提拔甄宇为太学博士院院长。后来，这件事情又传遍了洛阳城，人们纷纷赞扬甄宇，还给他起了个绰号，叫"瘦羊博士"，论待遇、分财物时都会以甄宇为榜样。

正所谓"吃亏是福，凡事让三分"，只要我们懂得吃亏，懂得谦让，不与别人争名夺利，那么，我们自然会赢得别人的爱戴和尊敬，这样好的福气也就自然会降临在我们的头上，最终让我们名利双收。

在日常的交际过程中也应该如此，在朋友面前我们要舍得谦让，舍得吃亏，只有我们舍得吃亏，才会让朋友更加尊重我们，当朋友有什么好的事情也自然会想到我们。与其说是我们吃亏，还不如说是在为我们积福。

正如古人所言，用争夺的方法，你永远得不到满足；但是如果用让步的方法，你可以得到比企盼更多的东西，这就是"吃亏是福"真正的意义所在。坦然地面对吃亏，这代表了一种境界、一种给予、一种忍让、一种厚道，更是一种睿智，这是面对利益得失的平静，是审时度势的大气，是带有亲和力的大智若愚。

这样的人看淡了那些琐碎的利益纠葛，看淡了那些眼前的机会和好处。当大家都在喧嚣中争夺时，他其实已经洞穿了所有人的心思，而自己不为之所动，结果换来了朋友们的尊敬和拥护，换来了一片和谐的生存环境。

刘斌原本是某单位的一名负责统计业务量的统计员，结果不到五年的时间，他已经晋升为部门主管。这除了他工作认真踏实，待人接物真诚率直之外，还在于他总是能够心平气和地"吃亏"。

逢年过节的时候，单位领导总会给员工们发放东西。无论是什么，刘斌从来不会挑好的东西留给自己。有时候分的东西少了，他还会说："没关系，你们都拿走吧，下次再给我。"

单位有一次出国培训的机会，同事们都不惜代价也要替自己争取到这个名额，甚至不惜私底下互相打小报告，制造小道消息。唯独刘斌不为之所动，即使自己有机会争取，也笑着让别人优先享受那份所得。

渐渐地，刘斌简直成了老好人的代名词。在办公室，甚至整个公司，大家都知道他是个好脾气、很大度的人，不跟别人计较长短得失，更不会和别人大吵大闹，因此大家都比较喜欢和他做朋友，这就为刘斌的晋升打下了坚实的群众基础。

与其为了争名夺利，搞得自己愤世嫉俗，不能安心工作和生活，还不如看淡一些，舍得吃亏，那么，我们的心就将得到自由和安宁，快乐生活每一天。如此一来，你想结交多少朋友、做什么事情都不再是难事！

的确，"吃亏"也许是指物质上的损失，但是一个人的幸福与否，却往往是取决于他的心境如何。如果我们用外在的东西，换来了心灵上的平和，那无疑是获得了人生的大福气，这便是值得的。

6. 退一步，吃小亏

人生在世，我们即使什么都学不会，至少也要学会吃亏。学会吃亏，才能让我们没有烦恼，遇事游刃有余，心底坦荡荡，做事光明磊落。

在现实生活中有很多人不爱吃亏，遇到麻烦躲着走，但是到最后却反而会吃个大亏。正所谓"捡了芝麻丢了西瓜"。其实，如果我们要想顺利解决这些小事，办法只有一个——退一步，吃小亏。

王明与李新是对门邻居，这天，不知道哪里来了一只鸭子在两家的路中间下了一个鸭蛋。王明恰好这时出门办事看见了这枚鸭蛋，当他正要伸手拾起来这枚鸭蛋的时候，李新恰好也出门办事，上前就说："这是我家鸭子下的蛋，凭什么你要拿？"王明很不服气地说："凭什么说是你家的鸭子下的？明明是我家的鸭子下的！"两人便你一句我一句地争吵起来。李新见自己吵架吵不过王明，于是便伸手给了李新一巴掌，王明见自己吃了亏于是跑回家拿了把剪子，回头冲出去就捅了李新一剪，结果李新当场身亡。王明被判终身监禁。在看守所中，王明对自己的做法很后悔，因此自寻短见，一命呜呼了。

还有一个故事：

一个人到市场上去买菜，期间向卖菜的商贩讨价还价，但是商贩却不同意，在一番争执之后，小商贩终于同意优惠一些。但是当这个人选好菜，正要付账的时候，商贩却依然照原价收钱。这人见小商贩少给了他一元钱，就一肚子火地与商贩争论起来。这时候小商贩说："你愿意买就买，不愿意买就走。"这个人一听就火冒三丈，于是把菜用力往地上一扔，说："我还就不买了，你能怎样？"小商贩见状立刻冲上前去让这个人把菜捡起来，但是他硬是不捡，小商贩此时也是怒火攻心，便用力踩了这个人一脚。这人觉得自己吃了亏，随手拿起菜摊上的秤砣砸向小商贩脑袋上。结果小商贩当场晕倒，被送入医院，家属立刻报警。这人只好乖乖地赔偿了几万元的损失。这个人原本只想贪图1元的便宜，但是没想到却吃了大亏。

这两个例子中的主人公都有一个通病，那就是目光短浅，太看重眼前利益。像王明和李新，只要任何一个人肯让一步，吃点小亏，也不至于断送两条人命；而那个买菜的人和小贩如果有一个人肯吃一块钱的亏，那么也不会发生那场惨剧。

吃亏让步，并非弱者，而是智者。俗话说得好，忍一时风平浪静，退一步海阔天空。生活中，害怕吃亏，总是斤斤较量，为一点蝇头小利就与人争得面红耳赤，又怎么会过得幸福呢？

第十章

繁杂之累

舍不得复杂就得不到简单

　　一个人想要的越多，心理的负担就会越重，懂得知足常乐的人，才是拥有生活大智慧的人。世上诱惑与欲望太多，不可能什么都能得到。如果太过于计较的话，你的人生只能被贪欲拖垮。所以，放平心态，生活便能和乐。

1. 大道至简，知足常乐

知足是一种处世的态度，常乐是一种释然的情怀；一个人如果能做到知足常乐，就可以收获良好的心态，自然会内心充满和谐、平静、适意、真诚。

老子在《道德经》一书中说道："祸莫大于不知足。"这句话的意思是，一个人最大的坏处就在于不知足，教导人们学会知足。孟子曾经说过："养心莫善于寡欲，其为人也寡欲，虽有不存焉者，寡矣；其为人也多欲，虽有存焉者，寡矣。"这段话告诉我们的也是知足常乐的道理。人活在世上，都要先学会知足。一个人如果不懂知足，就会远离幸福。虽然这个道理很好懂，却少有人能做到。

在我们的一生中，会有许许多多的追求、许许多多对未来的憧憬。每个人都渴望追求真理，追求自己理想中的生活，追求梦幻的爱情，追求金钱、名誉与地位。我们在追求这些的时候都会有所收获，在不知不觉中拥有很多，只是我们要明白的是，有些追求是我们必需的，有些是我们完全用不着的。那些我们用不着的东西，除了满足我们的虚荣心外，很可能会变成我们的心理负担。

古人有句话叫"大道至简"，翻译成今天的话来说就是"越是真理就越简单"。陈省身先生是著名的美籍华裔数学家，他有一个很有趣的"数学人生法则"，也就是数学的一个重要作用"九九归一，化繁为简"。智者所说的简单，并不是指内容的贫乏，而是一种繁华过后的深刻觉醒，一种去繁就简的人生境界。那个简单的过程其实是一个使人觉醒的过程。大道至简，一个幸福的人生一定是去繁就简的人生，是一个懂得节制自己欲望的人生。

不论是财富还是情感，抑或是其他的欲望，都应该做到把握有度，适可而止。要知道，贪欲多了，是失败的根本。平时的我们总会想要很多，如果不能得到自己想要的，就会一直去想那些没有拥有的，还会保持一种不满足感。即使我们已经拥有了想要的，也不过是又在制造着不满足感。因为就算得到了心中所想，我们还是高兴不起来。

有位心理学家调查研究发现：最普遍的和最具破坏性的倾向之一，就是集中精力于我们所想要的，而不是我们已经拥有的。我们好像对到底拥有多少并不在意，仅仅只是不断地扩充自己的欲望名单，这就导致了我们永远都不满足。我们总会在心里说："当这个欲望得到满足时，我就会变得很快乐。"可是一旦欲望得到满足后，这种心理作用却不断循环往复。因而，幸福也变得越来越难得，甚至成为遥不可及的梦。

幸福其实很简单：不要勉强自己去做别人，做好自己，知足常乐即可。知足常乐并不是让我们安于现状，而是一种看待事物发展的心态。"止于至善"这四个字说的是人应该懂得如何努力，从而达到自己理想的境地，知道自己该在什么位置才是最好的。只有知足常乐，找准自己的定位，深刻地剖析自己，才不至于好高骛远，没有前进的方向，不至于心有余而力不足，把自己弄得心力交瘁。

知足是一种处世态度，而常乐是一种释然的情怀。所谓知足常乐，其实贵在调节，如能做到，就能收获良好心态。我们的内心自然也就充满和谐、宁静、舒适、真诚。

知足常乐，这种心态对于奋力向前的人们来说，是一个宁静与温馨的避风港。休憩整理后毅然前行，来源于自身平和的不竭动力。如果一个人真的能够做到知足常乐，便会更加从容，更加豁达。

人如果贪欲过多，即使拥有再多也无法得到满足，这跟一无所有毫无差别。他们所拥有的是痛苦的根源，并非是幸福。而那些懂得知足欲望很少的人，才是真正的富有的人。

2. 简单即快乐，平常为幸福

如果将简单看作是一种处世哲学，那平常可以看成是一种人生境界。平常并不代表平庸，反之，它是一种豁达的心态，让人更容易接近生活，更容易感知到幸福。

古语有云："世人厌平常而喜新奇，不知言天下之至新奇，莫过于平常也。"一个人的生命再光彩炫耀，也总会安静地死亡。平常心，就是能看透这由生向死之路的平和心态。在无尽辽阔的宇宙面前，人类是那么渺小，而生命就好像流星一般短暂。每个人都将消逝在时间的洪流中，不管你是谁，不管你做了什么，都不会逃脱。在被岁月掩埋之后，你就会明白，我们谁也无法见证时间，而时间也不需要任何证明。

在生活中，我们为别人付出的同时，自己的人生也会因此而得到升华。一个人要是不能为他人带来财富，那么自己也不可能获得财富。有位名人曾这样说，人活着应该让他人因为你的存在而得到益处。的确，我们要是学会了给予和付出，就会感受到舍己为人，不求任何回报带给我们的快乐和满足。这个世上可以分为两种人，一种乐于索取，一种乐于付出。对付出特别吝啬的人，他的生活也不会特别幸福，一定是死气沉沉的。每个人付出的方式不同，其中有一种是对世界的看法、对待生活的态度。正是这种对待人生的态度，决定了我们的生活是否幸福。

拍完电影《茜茜公主》之后，卡尔·海因茨·波姆就息声影坛。20世纪50年代，他与扮演茜茜公主的罗密·施耐德因这部影片使全球的观众为他们倾倒。但对于卡尔·海因茨·波姆来说，这已是很久以前的事了。后来的他远离为他赢得赞誉的电影事业，在现实生活中扮演了另一个角色，那就是援助人员，到极其贫困的埃塞俄比亚工作。

卡尔·海因茨·波姆的角色转换颇有戏剧性。多年之前，作为德国著名演员，卡尔·海因茨·波姆应邀参加德国电视的娱乐节目《咱们打个赌，好吧？》他打的赌是：在当晚节目中，为饥饿的非洲人捐款1马克以上的人数绝对不会超过观看这个节目的观众的三分之一。但是令他没有想到的是，他打的这个赌改变了他的后半生。节目结束后，统计发现，德国人一共捐款120万马克。卡尔·海因茨·波姆输了。几个月之后，卡尔·海因茨·波姆带着这笔捐款前往非洲最贫穷的国家之———埃塞俄比亚，连他自己都没有想到，自己会一直留在那里。再往后，他和他成立的"人帮助人"基金会为援助埃塞俄比亚做了特别多很有帮助的工作。

据统计，埃塞俄比亚居民中有 82.5% 是农民，总数约为 6000 万人。卡尔·海因茨·波姆说，埃塞俄比亚想要得到发展，第一个要做的事就是建立现代化农业，防止水土流失，同时进行农田改建，实行有科技含量的农田灌溉技术和绿化造林。这些工作也包含在"人帮助人"基金会的日常工作里。

此外，卡尔·海因茨·波姆及其基金会还从事多项援助项目，比如饮用水供应、扩建公路和建设学校等。他创建的基金会一共在埃塞俄比亚建成了 67 所学校和 3 所职业培训中心。与人息息相关的医疗保健也是基金会的工作重心之一。他们了解到，埃塞俄比亚每 33000 人中才有一名医生。为了改变埃塞俄比亚的医疗状况，卡尔·海因茨·波姆和他的工作人员一起用最大努力做出了成果，他们一共建成了 40 个医疗站、3 所诊所和两所医院，为埃塞俄比亚人们提供了巨大帮助。

在别人看来，每一个实现的项目都可以称作一项成就，但卡尔·海因茨·波姆并不满足他已取得的成就，不想停下来。他是这样说的："我来这里工作的目的是，有天埃塞俄比亚的政府首脑，不论那个人是谁，来到我这里对我说'卡尔，谢谢你在这里待了这么久。现在我们已经不需要你了，我们可以自己解决这里的问题'。这是我最大的愿望，也是我的目标，我一直在为这个目标工作。"

你无意的一次善举，或者一件微小的事，都会给他人带去温暖与快乐。在别人需要的时候，我们的一句柔声问候，甚至一个眼神都能为别人带来极大的关怀。所以，别吝啬自己的付出，哪怕很微小。日积月累后，你就会变成一个善良与富有爱心的人。

懂得并且愿意付出是人性光辉的表现，同时也是一种处世智慧。

3. 让心灵回归宁静

我们所处的社会，竞争日益激烈，许多人身处其中失去了对自我价值的判断，总是借助虚荣来满足自己的面子。

虚荣的情绪与他人的反应有千丝万缕的联系，他人反应的变化会使虚荣的情绪迅速调整。因为要"面子"这种想法腐蚀了人的正常心理，将破坏人的健康情绪，成为人性格中无法根治的毒瘤。虚荣心会使一个人变得孤独，使人失去原本的自己。

某科研所的一位科研人员，技术与学识都不差，就是因为自尊心太强，所以尽管到了不惑之年，还难以和同事相处。这位科研人员，不管是在大家进行学术讨论时，还是在工作方案的安排上，甚至于日常生活小事的看法与习惯上，只要别人跟他的意见有出入，他就觉得自己丢了面子，丝毫不能容忍，会立刻发脾气，非得让别人按他的想法去办，不然就不依不饶，有时候甚至会对他人恶言相向。他永远都觉得自己是高人一等的，他的意见也肯定是最正确的，别人都只能跟着他走，不然就是以邪压正，而且被他看作不给他留面子。正因如此，但凡跟他接触久一点的人，都对他敬而远之，唯恐避之不及。如果是一般人，面对这种情况都会感到不适，可他却乐在其中，安之若素，可见虚荣心有多可怕。

在这个高速发展的社会，各种压力让我们变得浮躁，就因为这样，我们才要放下浮躁的心，还原本性中的单纯与朴实。在这个人人都向前跑的时代，可能我们真的该停下来歇一歇，等一等被我们甩在身后的灵魂。你可以点一支香，放一首轻柔的音乐，泡一壶茶，让心平静下来，思索一下我们的人生。

再没有比祥和更为快乐的快乐；再没有比宁静更为可贵的享受。

德国著名哲学家叔本华曾在柏林大学任教，那时的他不甘心做默默无闻的人，也不屑与黑格尔同时授课。但是，当时的黑格尔正如日中天，而叔本华的课堂上已没人来听讲。不得已，他只得黯然离开，到了法兰克福，晚年过得很寂寞。在无尽孤寂的日子里，只有一条叫作"世界灵魂"的卷毛狗陪着他。他无法享受寂寞，即使他写的书再版，也无法改变他孤独的境况。

我想，叔本华无法忍受寂寞，也跟内心无法宁静有关。人们总说："拥有天下非富有，心灵充实才可贵。"一个内心真正强大的人往往淡泊名利，内心安宁。

我们真正拥有的资产，是时间；真正拥有的财富，是学识；真正拥有的幸福，是健康；真正拥有的力量，是智慧。《庄子》一书中有句话，叫作"乘物以游心"，虽然区区五个字，却是偌大的洒脱。放心，是一种大智慧，能洗涤我们的心灵。放下浮躁，我们才能变得平实，才能重拾最本真的自我，从而远离种种纷扰，用平和的心态过属于自己的人生。

那么，现在的我们是不是拥有安然、宁静的心呢？好好想想，自己还是不是原来那个最真实的自己。

4. 去尽繁华才能享受平淡

　　用平和的心去面对得失，用微笑面对荣辱，让我们永远保持着良好的心态，拥有不卑不亢的生活态度。

　　温特菲力说："失败，是走上更高地位的开始。"真正伟大的人在面对成败时都很淡然，"不以物喜，不以己悲"。不管多失望，绝对不能失去镇定，只有这样才能获得最后的胜利。那些真正懂得忍耐的人，都耐得住平淡，经得起悲欢离合。生活中总会有这样的人，因为一个职位、一点利益就让情绪变成两个极端，不是欣喜若狂，就是捶胸顿足。要知道平淡才是人生的常态，悲欢是人生不可避免的。如果我们什么都经受不住，那对生活还有什么可期待的呢？那些在我们生命中出现的际遇，和我们自身的生存需要，在面对的时候都需要更加忍耐，忍耐其中的哀伤与平淡，并记住其中的开心与惊奇，后者可以成为促使我们不断前进的动力，在忍耐中等待成功的到来。

　　《周易·系辞上》有所记载："乐天知命，故不忧。"面对任何事情时，都要怀着乐观积极的心态，秉承着"知己为天所命，非虚生也"的信念，不管人生给你带来了什么都用豁达的心胸去面对，这样你会发现，人生其实并不可怕，也没有什么不会过去与无法忍受的。在人生的旅途中，我们只管做好自己，认认真真地对待每一天，即使失去了什么也不要灰心，有了收获也不能忘乎所以。不管我们是否愿意，时间总会将一切都带走，也许我们在这一过程中会开心，会难过，会很无奈，但即使我们身心俱疲、脚步蹒跚，也要充满希望乐观地向前。虽然我们不知道前方等待我们的会是什么，但你却做到了"无怨无悔"。我们在这个世上不能太计较个人得失，保有一颗平静淡然的心，来迎接出现的每次挑战，忍耐其带来的枯燥与痛苦，这看上去是生命的无奈之处，其实也是最绚烂的地方。

有一个男人，大学毕业以后只身南下，去了快速发展的沿海地区，身边带着的只有单薄的行李。刚到那边时，因为他要求太高所以处处碰壁，不仅工作没有找到，连生活费也所剩无几。眼看就要失败回家的时候，他放低了自己的要求，去一家IT企业做了普通文员，每月领取微薄的薪水，勉强生活。朋友得知后打来电话："你这么优秀，却去做一个文员，太大材小用了。"他笑了，没有回答朋友。

即使每天的工作简单、枯燥，他都乐在其中，而且他很好学，有什么不懂的地方都会去请教同事。时间一久，老板很欣赏他，觉得他踏实能干，晋升他做了秘书。过了一段时间，他在企业的名气已经很大了，这时的他却选择放弃高薪职位，拿着自己多年来的积蓄开了一家属于自己的小公司。同事都觉得他傻，只有老板对着他竖起了大拇指。小公司在他的辛勤经营下不断壮大，他变成了一位非常有名的企业家。每当他回家探亲，亲戚们都纷纷称赞他能干，他也只是笑笑说："我不过在做小生意，并没那么优秀。"说完这些就走开了。

金融危机发生时，他的公司也遭受到极大的打击。知道这个消息时，他还在家里，父母都很担心。而他却很安静，反过来安慰父母说："没事，当初我也什么都没有，现在只不过是时间问题。"他赶回公司将剩余资金发给自己的员工，解散了公司。值得庆幸的是，因为他经营有道，即使在这样的灾难面前，公司都没有外债。他带着自己的行囊回到家乡，回到父母身边。一家人开了个小饭馆，每天打打牌，养花种草，日子过得也很舒适惬意。

"一花一世界，一草一天堂，一叶一如来，一砂一极乐，一方一净土，一笑一尘缘，一念一清静"。人的一生，面对鲜花与掌声，有多少可以不去在意；人生道路上的坎坷与泥泞，又有多少人能从容面对。人生最宝贵的财富，就是可以耐得住寂寞，能经得起悲欢。"宠辱不惊，闲看庭前花开花落；去留无意，漫随天外云卷云舒"。宠辱不惊是一份乐天知命的安详自在，同时更是一份从忍耐里获得的胜利。

忍耐是非常重要的心态，使人在致命诱惑出现时，也可以用良好的心态去面对，浅尝生命的酒酿，将心中的烦恼忘却；忍耐是一种人生态度，面对得失时心境平和，宽容豁达。不管是幸福和乐还是困难重重，我们都要学会忍耐，将一切看淡、看透，能够入乎其中、出乎其外，不在事物中痴迷，也不盲目自信。

我们这一生，都要经历得到与失去、荣誉与屈辱、富贵与贫穷等遭遇。当我们遇到这些时，心境肯定会大起大落。假如我们学会了忍耐，那么这些遭遇在你心里就是一缕青烟，不会再看重。

5. 不以物喜，不以己悲

不以物喜，不以己悲，就是在表达一种平常心。如果我们真的能够在面对人生中的大喜大悲时心静如水，也算达到一种与世无争的境界。只是，这般定力世间很难找到。面对喧嚣浮躁的世事，我们更加需要这样的定力来平衡好生活中的许多不平常。

当我们想要去拥有一件东西而没有成功时，我们就会很难过。很多时候得不到不是因为你没有去努力，而是你的心放得太大，没有及时收回来。没有学会舍弃，只知道看着远处无穷无尽的贪念，自然无心抓住眼前那一点点的"得"。

在镜湖山旅游区，游客乘索道到山顶饱览风光后，可以坐索道去下一个峡口。有两种购票方式，一种是直接乘坐索道前行，票价为十元；另一种是先进入一条信道，之后再坐索道，在这条信道里游客可以参与奖励游戏，一共要过七关，每关的奖励都不一样，票价是十五元。大多数游客都想，既然都已经到了山顶，就不差那五块钱了。

检过票的游客被工作人员带进一条封闭信道内，里面每次都只能过一辆缆车，前面的人先过去，后面的人才能跟上。进入第一关后，有一个大的电子屏幕，上面写着："现在您已获得五元奖励，如满足此奖励，可结束游戏。"这时游客心里都会想："我花了五块钱就仅仅只是这样啊，那不如不玩呢，要继续。"于是进入下一关。第二关时，屏幕上写的是："现在您已获得十元奖励，如满足此奖励，可结束游戏，从侧面退出，领取奖励。"这时游客又都在想："我得到这样的机会不容易，还要继续。"第三关的奖励是二十元，第四关是四十元，很多游客都一直玩下去。到了第六关，大屏幕的奖金已经累计到三百二十元。大多数的游客心里想的是："我也就多花费了五元钱，即使损失也没有关系，赌一把说不定能赢更多。"

但是，所有进入最后一关的游客都只是看到一个负责检票的工作人员站在那里，手里拿着一个写有"欢迎下次光临"的牌子。这时，想要后退已经不可能了，游客只能失望离开。

最后有一对中年夫妇从通道里出来，全部游客里只有他们获得了奖金。他们在第三关一共领取了四十元，就是说他们不仅不花一分钱坐索道，旅游区还要多给他们十元钱。其他游客纷纷笑着问他俩为什么没再选择冲击更高关卡，哪怕是第四关或者第五关呢。

中年男子笑着对大家说："当到了第三关时，我们发现已经'赚'了10元，所以当时就决定领取奖金。贪念是非常可怕的东西，只有舍弃这个贪念，才有可能收获美好；只有学会舍弃，才有可能得到。"

生活中的我们也该像故事里的中年夫妇一样，舍弃了贪念才能得到更多，舍弃了欲望才能得到更多收获。

"结庐在人境，而无车马喧。问君何能尔?心远地自偏。"从这首诗中我们不难发现，真正的"隐"隐于内心，是一种外在喧扰而内心不为所动的常态。正所谓："菩提本无树，明镜亦非台。本来无一物，何处惹尘埃?"

当你在前进时，不舍去后面那一步，便没法跨出前进的一步；写文章时，不舍去那些无用的辞藻，就不能写出精简的短文。

舍，看似将好处让给别人，其实是给了自己。

6. 让生命珍惜简单的快乐

我们的一生，身边的人不断变幻，有人进来也有人离开，这些都是我们无法把握的，但我们可以用心去珍惜这些曾经存在过的人。

越是懂得珍惜自己人生的人，越懂得去珍惜那些在常人眼里不值得珍惜的东西。舍得的真正含义是珍惜。

我们要明白，懂得珍惜不仅只是珍惜自身，还要珍惜他人，珍惜身边的每一件事物，即使它已经破损或是没有了价值。

懂得珍惜的第一步，是学会惜福，只有这样，我们才能学会珍惜每一件事物，尊重每个生命的独立与自由。惜福也是惜缘，要明白与任何人或物的相遇皆是缘。

有一天，一位中年妇女发现自己家门口站着三位不认识的老人。她走上前去对他们说："你们是不是饿了，来我家吃点东西吧。"

"哦，我们不能一起去您家。"老人们说。

"我不明白这是为什么？"中年妇女很疑惑。

其中一位老人指着同伴对她说："他叫成功，他叫财富，而我叫善良。请你回家和家人商量一下吧，看看让我们其中哪位进去。"

这位中年妇女回家将门口的情况说给家里人，大家商量后决定请善良老人进屋。她出来对老人们说："我们做好决定了，请善良老人到我家来做客吧。"

当善良老人起身向屋里走去时，剩下的成功老人和财富老人也跟进来了。

中年妇女大惑不解，问成功和财富："不是只能有一位能来吗？你们怎么也进来了？"

"是这样的，善良是我们的兄长，我们的兄长在哪儿，我们也必须在哪儿，因为哪里有善良，哪里就会有成功和财富。"老人们回答说。

正如老人们所说，伴随善良而来的是财富与地位。我们真诚善待生命中遇到的每一个人，用心珍惜他们，其实也是在善待我们自己。

我们的一生，会不断地有人闯入或者离开，这些都是无法掌握的，我们能做的，就是用心去珍惜那些在自己生命中存在过的人。我们与任何一个人的相遇都是缘分，有天蓦然回首时，会发现曾经相知相惜的人已经天各一方，每个人都有了自己的新生活，那些日日在一起的日子已经随风远去了。想念那个人，却猛然发现连他的联系方式都没有了，这时你也许会后悔没有好好珍惜在一起的日子。

不论何时，在我们生命里出现的人都是我们的福分，要感谢上苍，给我们相遇的机会。为了不让以后的自己遗憾，一定要善待生命中遇到的每一个人。

遇到真心喜爱的人时，要努力在一起，因为当他离去时，将什么都无法挽回；遇到相知的朋友时，要用心相处，因为人生得一知己，太难；遇到伯乐时，要心怀感激，因为他使你的人生出现转折；遇到曾经的爱人可以点头微笑，因为是他让你变得更好；遇到背叛你的人时，大可以不去记恨，如若不是他，你也不会成长。

感谢遇到的每一个人吧，是他们丰富了你的人生，使之更加绚丽，同时你的人生将会无比轻松，没有缺憾。